에너지저장시스템 (ESS)
산업 현황과 트렌드 분석

(주) BP 기술거래

목 차

I. 서론

기후변화 대응과 탄소중립 추진에 따라 태양광·풍력 등 재생에너지 비중이 급격히 늘어나고 있다. 그러나 자연환경에 따른 생산량 변동성으로 인해 전력망의 안정적 운영과 적정 전력 수급이 점차 어려워지는 현실이다. 이러한 에너지 전환 시대에 에너지저장시스템(ESS)은 계통의 불안정성을 보완하고 여유 전력을 저장해 필요 시 공급함으로써 전력 공급의 유연성과 안정성을 확보하는 핵심 인프라로 부상하고 있다.

본 보고서는 ESS 산업의 최신 동향을 분석하는 데 목적을 두고 있으며, 기업의 전략수립과 정부의 정책수립에 참고할 수 있는 통찰을 제공하고자 한다. 특히 재생에너지 확대에 따른 계통 안정화와 수급 조절에서 ESS가 맡는 역할을 중점적으로 살펴보고, 기술적 배경과 정책 변화, 수요 확대 및 투자 흐름을 아우르는 균형 잡힌 시각을 제시한다.

ESS는 전력망에서 거대한 보조 배터리 역할을 수행한다. 즉, 낮이나 바람 강한 시기에 발전된 잉여 전력을 저장했다가 전력 수요가 급증하거나 재생에너지 출력이 급감하는 시점에 이를 방전함으로써 계통의 공급과잉·공급부족을 조정할 수 있다. 이렇게 저장된 전력은 피크 부하 억제(피크 셰이빙) 및 부하 이동(로드 셰딩) 등으로 전력 요금을 절감하고, 주파수·전압 안정화와 같은 계통 서비스에도 기여한다. 또한 ESS는 정전·서지 방지용 비상전원 및 주파수조정예비력으로서 역할을 하며, 재생에너지 발전의 불규칙성을 보완해 전력 품질과 안정성을 크게 높인다. 이처럼 ESS는 전력망 운영의 유연성을 높이고 에너지 자립도를 강화하는 핵심 수단으로, 재생에너지 확대를 위한 필수 요소로 평가되고 있다.

국제 시장조사기관들은 2025년 글로벌 ESS 설치규모가 사상 최대치를 기록할 것으로 전망한다. 발전 인프라의 대규모 전환과 그리드 확장 수요에 힘입어 ESS 시장은 빠른 성장세를 보이고 있다. 예컨대, 한 보고서에 따르면 2024년 전 세계 ESS 누적 설치용량은 약 70GW였으나 2025년에는 약 92GW에 달할 것으로 추정되며, 2026년 이후에도 연평균 20%대 성장이 이어질 것으로 예측된다. 글로벌 ESS 시장 규모도 매년 가파르게 확대되어 2024년 약 400억 달러 수준에서 2035년 800억 달러 규모에 달할 것으로 예상된다.

이러한 성장에는 중국, 미국, 유럽 등의 대규모 발전용 ESS 프로젝트가 큰 비중을 차지한다. 특히 그리드 연계용 대규모 시스템이 신규 설치의 대부분을 차지하며, 리튬이온배터리가 여전히 주류를 이루고 있다. 한편, 미중 무역 마찰과 같은 지정학적 요인으로 중국산 배터리의 가격 경쟁력이 약화되면서 북미·유럽 시장에서 한국과 일본 등 비(非)중국산 배터리에 대한 수요가 늘어나는 양상도 관찰된다. 이처럼 글로벌 시장에서는 ESS 보급 확대와 기술 고도화가 동시에 진행되고 있어, 기술 흐름과 시장 경쟁 구도 변화에 주목할 필요가 있다.

국내 ESS 산업은 최근 몇 년간 다시 성장 궤도에 올라서고 있다. 과거 한국은 2010년대 중반까지 글로벌 신규 ESS 시장의 절반가량을 차지하며 세계 시장을 주도했으나, ESS 화재 사고와 수익성 문제로 보급이 정체되었다. 그러나 정부는 제11차 전력수급기본계획에서 2038년까지 전국에 23GW 규모의 장주기 ESS를 보급하겠다는 목표를 제시하고 매년 중앙입찰을 실시하는 등 적극적인 지원에 나섰다. 2023년부터 시작된 첫 중앙입찰(540MW 규모)은 목표용량을 초과하는 563MW 규모로 사업자를 선정할 정도로 시장의 관심이 높았다.

이러한 정책적 환경 속에서 주요 배터리 업체들도 ESS 시장에 재진출하고 있다. 예를 들어 LG에너지솔루션은 북미 공장의 전기차 배터리 라인을 ESS용으로 전환했고, 삼성SDI와 SK온도 해외 합작공장과 신규 생산라인을 통해 현지 ESS용 배터리를 생산하고 있다. 국내 전력공급 측면에서도 신재생에너지 확산과 산업단지의 수요 대응을 위해 ESS 도입을 확대하고 있다. 전력계통 운영을 담당하는 한국전력 등은 전국 주요 송전선로에 대규모 ESS를 설치하여 전력망 부하를 평준화하고, 제주·신안 등 재생에너지 비중이 높은 지역에서 ESS를 활용한 계통 안정화 프로젝트를 추진 중이다. 이처럼 한국의 ESS 산업은 정부의 장기 목표와 재생에너지 확대 정책, 그리고 기업들의 설비 전환 기조에 힘입어 성장 모멘텀을 강화하고 있다.

정책 및 제도 측면에서도 ESS 도입을 촉진하기 위한 제도적 변화가 활발하다. 먼저, 재생에너지 공급의무화제도(RPS) 개정 등을 통해 2025년부터 일정 규모 이상의 태양광·풍력 발전설비에 ESS 설치를 의무화할 계획이다. 이를 위해 정부는 발전량 대비 ESS 저장용량 기준을 단계적으로 구체화하고, 설치기업에 대한 보조금과 세제 혜택 등의 인센티브 제도를 강화하고 있다. 또한 2025년부터는 ESS 중앙계약시장(입찰) 제도를 전면 시행하여 정부 주도로 장기 고정 가격을 보장하는 구매계약을 제공함으로써 사업 안정성을 높이고 있다. 전기안전관리 기본계획(2025~2029) 수립을 통해서는 ESS 화재 예방과 안전기준 마련도 강조되어, 그간 규제 강화로 위축되었던 산업 활성화에 긍정적 영향을 줄 것으로 기대된다. 이 밖에도 REC(신재생에너지 공급인증서) 가중치 부여, 전력 계통 접속 우선권 제공 등 ESS 도입 시 보상을 확대하는 방안들이 검토·도입되고 있다. 이처럼 정부 정책은 ESS를 단순한 부가 설비가 아닌, 재생에너지 인프라의 필수 요소로 육성하려는 방향으로 빠르게 전환되고 있다.

기술 측면에서는 에너지 저장장치의 성능과 경제성이 지속적으로 향상되고 있다. 현재 국내외 대부분 ESS는 리튬이온배터리를 기반으로 하지만, 차세대 기술로 수평형(Flow) 배터리, 소듐이황(NaS) 배터리, 그리고 초전도성 계통·전력망 단속 등을 고려하는 연구도 진행되고 있다. 배터리의 에너지 밀도 향상과 가격 하락 추세가 지속되면서 ESS 구축 비용은 점차 낮아졌고, 배터리 수명과 안전성을 개선하는 연구가 활발히 이뤄지고 있다.

또한 에너지관리시스템(EMS)과 인공지능 기술을 활용하여 ESS의 충·방전 시점을 자동으로 조정함으로써 효율을 높이고 수익성을 확보하는 솔루션도 도입되고 있다. 이러한 기술적 진보는 ESS가 다양한 운영 시나리오(그리드 연계, 독립형 마이크로그리드, 긴급 백업 등)에서 유연하게 활용될 수 있도록 기반을 제공한다.

수요 확대와 투자 흐름 측면에서도 ESS 산업은 빠르게 성장하고 있다. 전통적인 계통 연계형 ESS 수요 외에, 통신 기지국, 데이터센터, 공장·물류센터 등의 에너지 다소비 시설이 자체적으로 전력비와 탄소배출을 낮추기 위해 ESS를 도입하고 있다. 특히 인공지능 데이터센터와 같은 대형 전력 수요처는 피크 부하 관리를 위해 ESS를 핵심 인프라로 보고 있으며, 전기차 충전 인프라의 확장에도 ESS가 활용되어 배터리 수명을 연장하고 계통 부하를 완화한다. 기업 차원에서는 RE100과 같은 재생에너지 활용 목표 달성의 수단으로 ESS를 적극 검토하고 있으며, 금융시장에서는 ESS 건설 및 관련 기업에 대한 투자가 늘어나는 추세이다. 글로벌 에너지·금융 기업들도 ESS 시장에 주목하여 합작투자와 인수합병을 활발히 추진 중이다. 국내에서는 에너지 공기업 및 벤처기업을 포함해 다양한 플레이어가 ESS 분야로 진출하고 있으며, 정부 연구개발 예산과 함께 그린 뉴딜 펀드 등 신재생 인프라 지원 자금이 ESS 구축에 투입되고 있다.

이와 같은 기술·정책·시장 여건을 종합적으로 고려할 때, ESS는 단순한 전력 저장 장치를 넘어 '전력 인프라의 핵심 축'으로 자리매김하고 있다. 본 보고서의 본문에서는 앞서 언급한 글로벌 및 국내 시장 동향과 더불어 ESS 관련 핵심 기술 동향과 트렌드를 균형 있게 검토하여 2025년 ESS 산업의 발전 방향을 제시할 것이다.

Ⅱ. ESS와 신재생에너지

1. 에너지 산업의 변화

1) 4차 산업혁명과 에너지 흐름

지난 20세기, 선진국들이 추구한 에너지 정책의 화두 중 가장 중요한 것을 고르라면 단연코 에너지의 안정적인 공급이라고 할 수 있다. 1, 2차 세계대전을 겪은 선진국들은 경제개발과 안보증대를 위하여 석유를 대표로 하는 에너지의 안정적인 확보에 심혈을 기울였으며, 원자력발전기술로 대표되는 전기의 개발을 통하여 소비자에게 공급되는 자국 내 에너지 시스템의 안정적 구축에 심혈을 기울여 왔다.

20세기 중반에 건국한 대한민국 역시 지난 70여 년간 에너지 정책 중심에 바로 에너지의 안정적 공급정책이 있었다. 특히 1970~80년대 1, 2차 석유위기를 겪으면서 정부의 에너지 안정공급 정책은 더욱 강화되었는데, 이를 위한 우리나라 정부의 대표적인 정책으로는 국내 석탄의 증산과 천연가스 및 원자력의 도입 등 3가지였다. 이들 3종 세트는 국제에너지 정책 역사에서도 상당히 성공한 정책으로 평가받고 있다.[1)]

에너지 산업의 연대별 변천사(출처: 에너지경제연구원)

	시기	에너지산업 구분	비고
1단계	광복이후~1972	에너지산업 기반구축	제1, 2차 경제개발 5개년 계획 (1960~)추진
2단계	1973~1982	석유공급 위기 극복	1, 2차 석유파동
3단계	1983~1998	에너지수급의 안정화	국제 저유가와 에너지산업 개방화
4단계	1999~최근	기후변화와 신재생에너지 비중 확대	지속가능, 환경부문 부각 지구온난화와 기후변화 협상

최근에는 4차 산업혁명 기술의 발전과 더불어 기존 에너지 발전, 전송, 저장 체계에도 많은 변화가 일고 있다. 기존의 세계 최대 에너지 수요국 및 탄소 배출국은 과거 선진국에서 성장하는 신흥국으로 교체되고 있고, 기술 발전과 환경문제로 인해 신재생에너지의 활용이 확대되고 있다. 여전히 글로벌 에너지 시장은 화석연료 감축과 친환경에너지의 확대라는 지향점을 향해 나아가고 있다.

글로벌 메이저 석유기업들은 사업의 중심을 기존의 석유에서 천연가스, 석유화학, 신재생에너지까지 다각화하고 있다. 지난 3년간의 저유기, 친환경에너지의 부상, 전기 차 확산 등 환경적 변화에 따라 석유 생산 및 정유 사업에 대한 의존도를 줄이고 점차 포트폴리오를 확대해 나가고 있다.

1) GS Caltex mediahub, 4차 산업혁명과 에너지혁신, 2018.

에너지 분야에서 다양하게 활용되고 있는 4차 산업혁명 기술은 더 나아가 에너지 활용의 스마트화를 촉진하여 가정, 빌딩, 공장뿐 아니라 도시 전체에 영향을 미치게 될 것으로 예상되고 있다. 각 가정에서는 지능형원격검침인프라(AMI) 구축에 기반한 데이터 활용으로 휴대폰을 통한 에너지 사용의 원격조정 또는 자동제어를 가능하게 한다. 이러한 에너지의 효율적 활용을 기반으로 단순한 홈 네트워크(Home Network)의 구축이 아니라 보안, 헬스, 오락 등 다양한 분야의 서비스를 결합하는 통합형 플랫폼으로 진화되는 스마트 홈을 구현할 수 있다. 인공지능과 빅 데이터의 결합으로 사용자의 요구와 행동을 예측하여 소비자의 니즈를 만족시킬 뿐만 아니라 스마트 가전을 통해 새로운 산업의 부가가치를 창출할 수 있다.

스마트 빌딩 및 공장의 에너지 효율제고를 위한 자동제어시스템의 확대는 청정에너지의 효율적 사용과 관리를 통한 생산성 향상을 극대화한다. 또한 도시 전체에서 청정에너지원의 결합을 통한 통합적 에너지 효율관리 시스템과 전기자동차의 확대 및 교통시스템의 스마트화 등으로 일상생활의 변화를 유도할 것으로 예측되고 있다. 결국, 에너지 분야에서 4차 산업혁명의 기술요소들은 에너지 시스템의 전환뿐만 아니라 모든 생활의 획기적 변화를 가져올 것으로 예상된다.

기존의 대규모 중앙 집중적인 설비운영 하에서 소규모 친환경 분산형 전원이 확대되면서, 점진적으로 화석연료 발전을 대체해 나가는 과정에서 저탄소 에너지 시스템으로의 전환이 이루어지고 있다. 4차 산업혁명 기술은 기존의 설비운영과 새로운 에너지 운영 시스템 및 다양한 서비스의 활성화에 모두 적용됨으로써 전체 에너지 시스템의 스마트화를 촉진하는 데 기여할 것으로 전망되고 있다. [2)]

구체적으로 에너지 분야에서 4차 산업혁명의 기술은 크게 세 가지 부문에서 적용될 수 있을 것이다. 첫째, 전통적인 에너지 시스템의 운영, 둘째, 분산형 전원의 결합 시스템 운영, 셋째, 에너지 소비 및 다양한 서비스와 관련된 새로운 사업모델 및 타 산업과의 융·복합 사업모델 개발 등이다.

먼저, 4차 산업혁명 기술은 기존의 발전소 및 송배전망의 운영과 관련하여 전력의 생산과 수송 및 배분 과정상에서 발생되는 운영정보를 인식하여 분석함으로써 전 과정의 효율적 운영을 가능하게 할 것이다. 독일이 Industry 4.0을 통해 가상물리시스템(Cyber-Physical System)을 구축하여 생산 환경에 4차 산업혁명 기술요소들을 적용함으로써 제조공장의 스마트화를 추진하고 있는 것과 같은 맥락이다. 제조공정 상에서 지능적인 제품생산과 스마트한 에너지의 사용이 가능하도록 운영시스템을 자동적으로 최적화하고 있다.

---

2) 한국전자통신연구원 ETRI, 지능형 에너지, 2018.

둘째, 4차 산업혁명 기술은 저탄소 에너지 시스템으로의 전환 과정에서 기존의 설비운영에 대한 최적화뿐만 아니라 분산전원 중심의 융복합 시스템을 구축하는 과정에서 활용될 수 있다. 에너지 설비기술의 발달로 생산 및 유통방식의 변화 기반의 지역단위 에너지 생산 및 소비가 동시에 가능하다. 여기서 에너지 저장기술은 소규모 분산형 전원과 결합되면서 마이크로 그리드, 가상발전소(Virtual Power Plant)등 계통 연계형 또는 독립 계통형 운영에 중요한 역할을 하고 있다. 여기서, 마이크로 그리드나 가상발전소와 에너지관리시스템(EMS)이 통합적으로 운영되면 4차 산업혁명 기술 적용이 전력 생산과 소비를 최적화할 수 있다.

예를 들어, 기상 데이터와 지리정보시스템(GIS)을 활용하여 신재생에너지 발전량을 예측하거나 자연조건에 크게 의존하는 신재생에너지 설비를 효과적으로 관리한다면 일정 지역의 에너지 생산 및 소비를 최적화하는 데에 기여할 것이다.

셋째, 에너지 소비와 관련된 수요관리 부문에서 4차 산업혁명 기술은 에너지 절약 및 수요반응 등 ICT 기반의 수요관리를 강화하는 한편, 새로운 에너지 서비스 관련 비즈니스 모델을 개발하여 제공하는 데에 크게 기여할 것이다. 에너지 소비데이터의 분석은 소비자의 에너지 소비패턴을 분석하여 이에 맞는 요금제 개발과 맞춤형 서비스를 개발하여 에너지 사용을 최적화하는 것이다.

2) 신재생 에너지

'신에너지 및 재생에너지 개발·이용·보급촉진법' 제2조에 따른 신재생에너지의 정의를 살펴보면, 기존의 화석연료를 변환시켜 이용하거나 햇빛·물·지열 ·강수·생물유기체 등을 포함하여 재생 가능한 에너지를 변환시켜 이용하는 에너지를 뜻한다. [3]

신재생에너지의 특징

구분	특징
공공미래에너지	시장창출 및 경제성 확보를 위한 장기적인 개발보급 정책 필요
환경친화형 청정에너지	화석연료 사용에 의한 CO2 발생이 거의 없음
비고갈성에너지	태양, 바람 등을 활용하여 무한 재생이 가능한 에너지
기술에너지	연구개발에 의해 에너지 자원 확보가 가능

신에너지는 기존의 화석연료를 변환시켜 이용하거나 수소 · 산소 등의 화학 반응을 통하여 전기 또는 열을 이용하는 에너지를 뜻하며 그 종류에는 연료전지, 수소, 석탄액화·가

3) 한국전력공사 KEPCO 홈페이지, 신재생에너지란

스화 및 중질잔사유 가스화가 있다. 재생에너지는 햇빛·물·지열·강수·생물유기체 등을 포함하는 재생 가능한 에너지를 변환시켜 이용하는 에너지로서 태양에너지, 풍력, 수력, 해양에너지, 지열에너지, 폐기물에너지, 생물자원을 변환시켜 이용하는 바이오에너지, 그 밖에 석유·석탄·원자력 또는 천연가스가 아닌 에너지태양광, 태양열, 바이오, 풍력, 수력, 해양, 폐기물, 지열을 포함하는 개념이다.[4]

2022년 러시아와 우크라이나 전쟁으로 국제유가가 배럴당 100달러를 넘어가는 고유가 현상이 지속되면서 친환경 에너지로 전환해야 한다는 논의가 급속도로 진행되고 있다. 종전까지 탄소 배출 감축 등을 위해 논의돼 왔으나 고유가 현상이 심각해지면서 이제는 에너지 가격 안정화를 위해서도 석유 대신 친환경 에너지 자원에 집중하게 되었다.

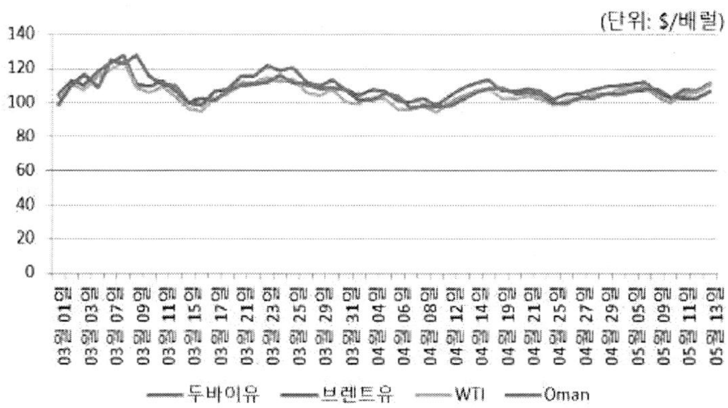

2022년 3월~5월 중순 국제유가추이
이미지 출처: 한국석유공사

글로벌 투자은행(IB)인 골드만삭스는 최근 원유 재고가 계속 감소하고 여유 생산능력이 부족한 상황에서 수요 파괴가 발생하지 않는 한 유가 안정을 기대하기 어려울 것이라고 진단했다. 미국 에너지정보청(EIA)도 '3월 전망 보고서'에서 올해 북해산 브렌트유의 연평균 전망치를 배럴당 105.22달러, 서부텍사스산원유(WTI)는 배럴당 101.17달러로 제시했다. 2022년 내내 100달러 이상 고유가가 유지될 것이라는 전망이라는 것이다.[5]

이 같은 상황이 지속되면서 글로벌 주요국에서는 오히려 친환경 에너지로 전환하는 것을 서두르고 있다. 유가가 너무 높다 보니 상대적으로 친환경 에너지가 저렴해지면서 관련 투자가 늘어나고 있는 것이다.

우선 러시아와 우크라이나 전쟁에 직접적 영향을 받고 있는 유럽은 단기적으로 석탄 소비를 늘리면서 장기적으로 신재생 에너지에 적극적으로 투자하고 있다. 미국도 바이든 행정부가 공약으로 내세운 신재생 에너지 투자를 더욱 확대하는 방안을 검토하고 있다.

4) 국가환경교육센터, 에너지 패러다임의 변화 미래 친환경 신재생 에너지
5) 아주경제, 너무 오른 기름값…친환경 에너지 전환 앞당긴다, 2022.05.18.

국내에서도 친환경 에너지원에 대한 관심이 부각되고 있다. 한국수입자동차협회에 따르면 2022년 4월 신규 등록된 수입차는 2만3070대로 집계되었다. 신규 등록된 승용차를 연료별로 살펴보면 가솔린차 9879대(42.8%), 하이브리드차 7917대(34.3%), 플러그인하이브리드차 1185대(5.1%), 순수 전기차 1575대(6.8%), 디젤차 2514대(10.9%) 등이었다. 하이브리드차와 플러그인하이브리드차, 순수 전기차를 합친 전체 전기차 판매 대수는 1만677대로 가솔린차보다 많았다. 전기차 판매가 가솔린차를 넘은 것은 2022년 5월이 처음이다. 산업권에서는 고유가 현상이 지속되면서 지난달 가솔린차를 피하는 소비자가 크게 늘었다는 설명이다.[6)]

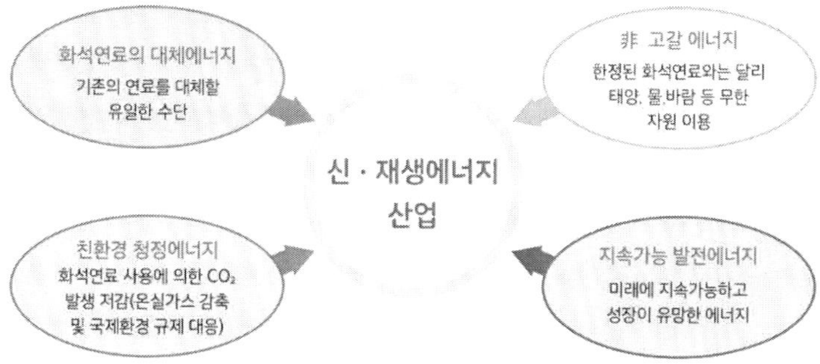

신재생에너지의 필요성
이미지 출처: 환경부 신재생에너지 교재

이처럼 친환경 신재생에너지는 화석에너지의 고갈 및 환경문제에 대한 최선의 해결방안으로 부각되고 있으며, 미래 신재생에너지 산업은 국제 정세와 같은 외부 환경의 영향을 최소화할 수 있는 국가 성장의 원동력이 될 것이다.

신재생에너지 보급 확대 정책으로 주목받고 있는 스마트 그리드의 핵심인 에너지 저장 시스템 (Energy Storage System, ESS)에 관한 투자 및 연구가 빠르게 확산되고 있다. ESS는 잉여 전력을 필요한 시점에 적절히 공급할 수 있도록 저장해두는 장치로 전기에너지의 품질 및 효율성을 극대 할 수 있는 에너지 활용 시스템이다.

선진국들은 다양한 ESS관련 제도정비 및 개선을 통해 ESS 산업의 활성화를 유도하고 있다. 우리나라의 경우에도 신재생에너지 확대 정책을 수립하고 에너지저장기술을 그린에너지 분야의 주요 핵심과제로 선정하여 체계적인 육성전략을 추진 중에 있다. 뿐만 아니라, 상용화 제품 개발을 목표로 가정용 및 전기 자동차용 에너지 저장 시스템을 목표 응용시스템으로 상정하고, 에너지 저장장치의 핵심 부품인 중대형 리튬이온전지 셀(Cell)과 소재 개발, 그리고 시스템을 제어하는 BMS(Battery Management System) 및 PMS(Power Management System) 기술을 대상으로 로드맵을 작성하는 등 다양한 ESS 관련정책이 추진되고 있다.

6) 아주경제, 너무 오른 기름값…친환경 에너지 전환 앞당긴다, 2022.05.18.

3) 에너지 기술 동향

에너지저장시스템(ESS)의 핵심인 배터리 셀 기술은 여전히 리튬이차전지가 주류를 이루고 있다. 현재는 에너지 밀도를 높이고 안전성을 강화하기 위해 양극재의 니켈 함량을 높여 고에너지 밀도를 구현하는 NCM 기술이 발전하고 있고, 특히 가격 경쟁력과 안정성을 고려해 리튬인산철(LFP) 배터리의 활용도가 크게 늘고 있다. 국내에서는 삼원계 리튬전지(고니켈 NCM) 분야에서 기술적 우위를 유지하고 있으며, LFP 배터리의 양산을 확대 중이다. 이외에도 배터리 원가 절감과 자원 안정화를 위해 나트륨이온전지 개발이 활발하다. 한국과 중국 기업은 2025년 이후 220Wh/kg급 나트륨이온 배터리 상용화를 목표로 연구개발에 나서고 있다. 차세대 소재로는 리튬황·리튬금속·실리콘 음극과 같은 고용량 소재, 그래핀 등 나노소재를 활용한 전극 기술이 연구되고 있으나 아직 상용화 초기 단계에 머물러 있다. 또한, ESS용으로는 휴대형이나 차량용과 달리 긴 수명이 중요한 만큼, 배터리 재사용(이차 활용) 기술과 재활용 공정에도 관심이 커지고 있다.

2. 스마트 그리드(Smart Grid)

1) 스마트 그리드란?

전력 산업에서 정보통신(ICT) 기술을 도입해 에너지를 효율적으로 사용하려는 '스마트 그리드(Smart Grid, 지능형 전력망)'가 구현되고 있다. 이는 새로운 전기 소비 생태계가 조성되고 있음을 의미하며, 그 중심에 스마트 그리드가 있다.[7)]

스마트 그리드란 전력망을 뜻하는 '그리드(Grid)'와 정보/통신을 뜻하는 '스마트(Smart)'가 합쳐진 단어다. 기존의 단방향 전력망이었던 '발전 → 송전 및 배전 → 판매'의 단계에 정보통신 기술을 융합하여 공급자와 소비자가 양방향으로 실시간 정보를 교환함으로써 에너지 효율을 최적화하는 차세대 '지능형 전력망'을 의미한다.

정보를 양방향으로 실시간 교환할 수 있으므로 공급자는 전력 사용 현황을 실시간으로 파악할 수 있어 전력 공급량을 탄력적으로 조절할 수 있고, 소비자는 이를 활용하여 사용량을 조절하거나, 요금이 저렴한 시간대를 선택하여 사용할 수 있다. 또한 다양한 전력 공급자와 소비자가 직접 연결되는 분산 전원 시스템을 활용하기 때문에 정전과 같은 피해를 최소화 할 수 있고, 전력을 특정 시간대에 생산한 후 저장할 수 있어 전력 생산이 불규칙한 신재생 에너지 활용도를 높여 지구 온난화 및 환경 문제 완화에도 효과적으로 기여할 수 있다.[8)]

---

7) 에코미디어, 2021.04.06.
8) 한국가스공사블로그 2019.04.02.

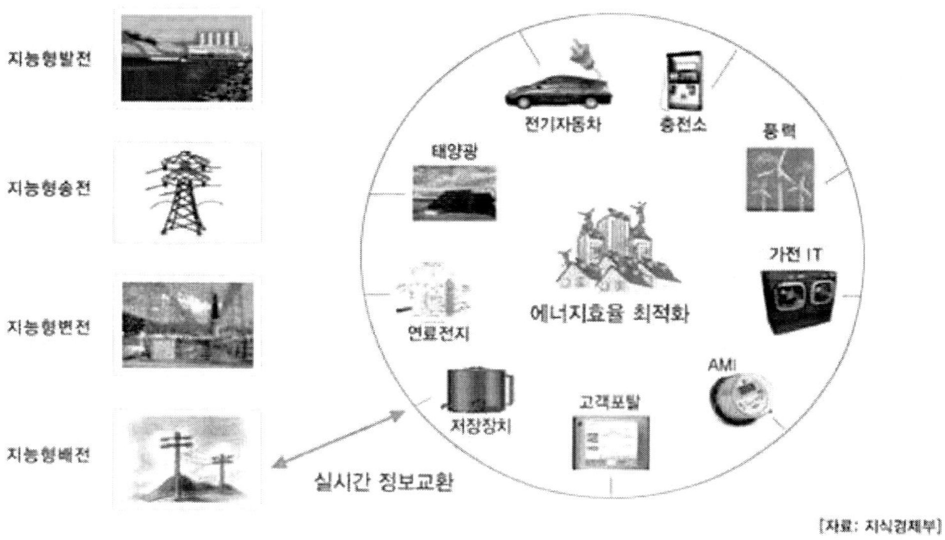

스마트 그리드의 개념
출처=제주 테크노파크(2010), Smart Grid Test Project Guide

기존 전력망과 스마트 그리드 구조 비교
(자료 출처: 한국 스마트 그리드 사업단)

구분	기존 전력망	스마트 그리드
전원 공급 방식	중앙집중형	분산형
구조	방사형 구조	네트워크 구조
통신 방식	단방향 통신	양방향 통신
기술 기반	아날로그	디지털
사고 발생 시 복구	수동 복구	반자동 복구 및 자기 치유
설비점검	수동 설비 점검	원격 설비 점검
제어 시스템	지역적인 제어	광범위한 제어
가격 정보	제한적인 가격 정보	모든 가격 정보 열람 가능
고객의 선택	고객의 제한적 선택	고객의 다양한 선택

상기 표에서 볼 수 있듯 기존 전력망에서 스마트 그리드로의 변화는 전력 산업의 패러다임이 양에서 질로, 공급자 중심에서 소비자 중심으로, 중앙 집중 시스템에서 지역 분산 시스템으로 변화함을 의미한다. 이를 통해 소비자에게 합리적 에너지 소비를 유도하고 고품질의 에너지를 안정적으로 공급함은 물론 에너지 절감 효과도 기대할 수 있다.

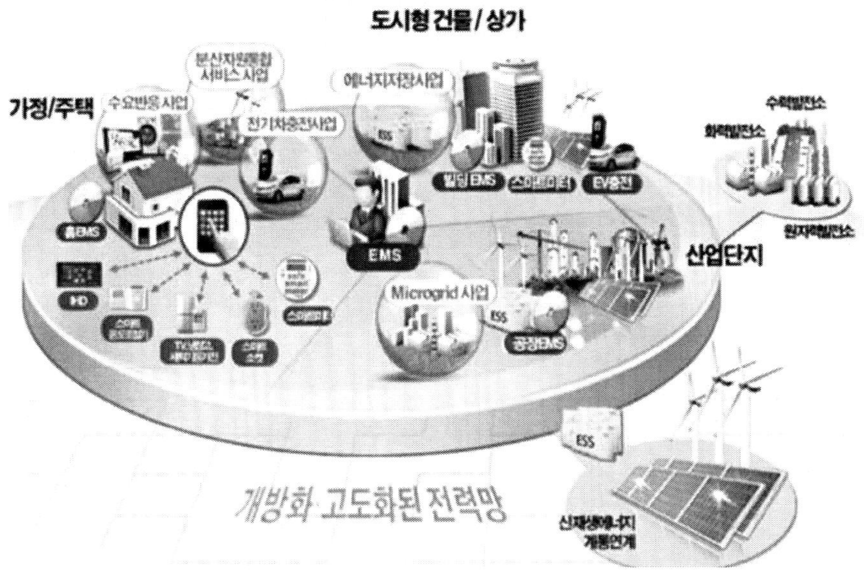

스마트 그리드의 구성요소
출처: 한국 스마트 그리드 사업단

스마트 그리드는 전력망의 신뢰성, 효율성, 안전성을 꾀하는 한편, 전력 생산·소비 정보를 양방향·실시간으로 유통함으로써 에너지 효율을 최적화한다.

또한 기존의 전력시스템은 물론 전기자동차, 신재생 에너지와 함께 에너지 프로슈머(Prosumer)의 등장으로 미래의 에너지 생산 및 유통이 다양화될 것으로 예상되는 차세대 전력 네트워크로서 미국 MGI에서 제시하는 특징과 더불어 다음과 같은 특성을 지닌다.

- **에너지 관련 콘텐츠를 가진 에너지 인터넷**

100여 년 지속되어온 전력 네트워크가 소수 공급자 중심의 수직적·통제적·중앙 집중식 네트워크였던 반면, 스마트 그리드는 다수의 생산자, 소비자 간의 상호작용에 기반 하는 수평적·협력적·분산적 네트워크의 특성을 지니고 있기 때문에 '에너지 인터넷'으로 불리기도 한다.

- **실시간 가격제에 기반한 피크 에너지 수요 제어**

지금까지 전력 네트워크는 전력 수요가 피크에 이르는지 모니터링하고 예측하는 방법을 모색하고 대처해온 반면, 스마트 그리드에서는 소비자에게 시간대에 따른 적절한 가격을 제공하여 소비자가 스스로 기기 사용 시간대를 옮기노록 유노한다. 이는 피크 수요선력을 제공하기 위한 설비 및 운용비용을 줄일 수 있는 효과로도 반영되므로, 스마트 그리드에서는 소비자에게 동기를 부여할 수 있는 적절한 실시간 가격제의 도입이 가장 중요하다.

- **신재생 에너지, 분산 전원의 통합**

장기적인 관점에서 태양광, 풍력 등의 신재생 에너지의 확대에 따른 전력망 제어의 필요성이다. 태양광, 풍력과 같은 신재생 에너지의 활용은 탄소배출량 감소 측면에서 주요한 에너지원으로 주목 받고 있지만, 그 생산량이 시간에 따라 일정하지 않은 간헐적인 특성을 가진다. 또한, 미래의 충전식 자동차도 군집된 에너지원으로 활용할 수 있는 면으로 중요성이 부각되고 있으며, 특성상 분산 및 이동 특성을 띤다.

현존하는 전력 네트워크를 기반으로 이들을 효율적으로 통합 활용하기 위해서는 분산 및 이동에 관련된 정보 통신 및 운영 관리 기술이 중요하다. 예를 들어, 태양광 발전 시스템은 기존의 전력시스템과는 달리 태양광이 가능한 어떤 곳에서나 발전이 가능한 반면 중앙 집중된 통제는 불가능하고, 밤낮, 그리고 날씨에 따라 발전량이 불규칙하여 조정이나 예측이 어렵다. 이를 해결해주는 인프라가 곧 스마트 그리드인 것이다.

- **에너지를 거래하는 새로운 서비스 패러다임**

소수 에너지 공급자 중심의 네트워크에서와는 달리 스마트 그리드에서는 기존 에너지는 물론 신재생 에너지, 분산 전원의 연계 및 활성화로 다수의 에너지 공급자의 출현으로 현재 주식거래처럼 에너지 거래를 기반으로 하는 새로운 서비스와 관련된 신생업체 및 산업이 등장한다.

대형 발전소에서 최종 소비까지 일방적으로 전력을 공급받아 사용한 만큼 지불하던 기존의 전력망 방식과는 달리 Smart Metering을 통한 에너지의 Micro Generation이 가능하여 발생한 여분을 나누어 쓸 수 있다. 따라서 신재생 에너지 생산의 경우 생산, 소모하고 남은 에너지의 매매가 출현한다. 이러한 에너지 관리와 거래를 위해서는 전화, 미디어, 전자상거래 등 다양한 IT기반 서비스 기술을 토대로 전력 시스템에서의 IT기술 결합이 부각된다.

2) 스마트 그리드 국내 현황

(1) 공급과 수요의 불균형 해소

집 안에 설치한 스마트계량기를 보면서 전기요금이 가장 저렴한 때를 실시간 확인한다. 적당한 시간에 스마트폰 앱으로 스마트세탁기를 작동해 자신만의 전력사용 패턴을 만들고 전기요금을 절약한다. 또 에너지 저장장치(ESS)에 저장해놓은 태양광과 풍력으로 전기차 배터리를 충전한다. 저장하고 남은 전기는 다른 사람에게 판매한다.

이 모든 것을 가능하게 하려면 전력 네트워크 시스템 스마트 그리드가 필요하다. 전력망에 ICT(정보·통신)기술을 융·복합하여 에너지 이용효율을 최적화한 시스템이 스마트 그리드이다. 스마트 그리드를 활용함으로써 소비자가 사용한 전기를 지역별로 실시간 확인하고 예측해서 생산량을 미세하게 조정할 수가 있다. 소비자가 능동적으로 전기를 만들 수도, 전기 사용량을 조절할 수도 있게 되는 것이다. 전력 계통에서 공급과 수요의 불균형을 해소할 수 있는 유일한 탈출구로 스마트 그리드를 꼽는 이유도 이처럼 양방향 전력 정보 공유가 가능하기 때문이다.

스마트 그리드 기술은 발전에서 송전, 배전, 다양한 전력 소비자에 이르기까지 전력시스템 전 분야에 걸쳐 분포하고 있다. 광역 모니터링 및 제어 기술로 광범위한 지역에서도 실시간으로 모니터링하고 제어가 가능하다. 컴퓨팅, 시스템을 제어하는 소프트웨어 등과 함께 전력망을 효율적으로 관리하는 ICT통합기술이 이를 가능하게 한다. 신재생에너지 및 분산발전 통합기술은 에너지저장시스템, 실시간 발전예측 등 스마트 그리드 시스템을 통한 신재생에너지, 분산발전원의 전력망을 연계 관리하는 기술이 적용됐다.

(2) 공급 위주서 수요 중심으로 이동

스마트 그리드 사업의 목표는 바로 실시간 전기 변동 요금제로 전력 수급을 조절하는 것이다. 향후 스마트 그리드가 널리 확대되어 안정적으로 정착하게 되면 전기 사용량이 많은 시간에는 요금이 올라가고 사용량이 적은 시간에는 요금이 내려가며 전기요금이 수요에 따라 실시간으로 변동하는 방식을 적용할 수 있다.

소비자는 그동안 가격이 고정된 전기를 일방적으로 제공받는 데서 벗어나 직접 전력시장에 참여해 전기 사용량을 능동적으로 조절할 수 있다. 전력 정보를 확인해서 전기가 저렴할 때 전기를 집중적으로 사용하고, 전기요금이 비싼 저녁시간에는 집에 보유한 태양광 발전 등으로 생산된 에너지를 사용하는 방식으로 바뀌면, 가정에서 생산된 전기 중 쓰고 남은 전기는 되팔 수도 있게 된다. 우리나라에는 소비자들이 아낀 전력을 되파는 시장이 현재 운영되고 있다. 2014년 11월부터 절약한 전기를 수요관리사업자라는 중개업체를 통해 한국전력에 판매하는 거래가 이뤄지고 있다. 국내 전력산업이 기존에 '공급' 위주에서 점점 '수요 중심'으로 변화하는 양상이다.

이처럼 실시간 변동 요금제 등 전력 수요관리 시장이 보다 활성화하는 데에는 스마트미터(Smart Meter)가 필수적이다. 기존에는 월별 총사용량만 확인할 수 있었지만 스마트미터를 이용하면 시간 단위로 전기 사용량 패턴을 파악할 수가 있다. 내가 쓴 전기를 바로바로 눈으로 확인할 수가 있어 가계부를 쓰며 돈을 절약하는 것처럼 전기를 절약하겠다는 새로운 의식변화를 기대할 수 있다.

또한 스마트미터는 가정뿐 아니라 사무실, 공장 등에도 적용할 수 있어 지역 수준에서 전력의 수요와 공급량을 제어할 수 있다. 또 검침원이 직접 돌아다닐 필요 없이 원격으로 검침할 수가 있어 비용 절감과 더불어 업무 효율까지 높일 수 있다. 결국 스마트미터는 사용자와 공급자 모두의 측면에서 에너지 낭비를 최소화하는 시스템인 셈이다.

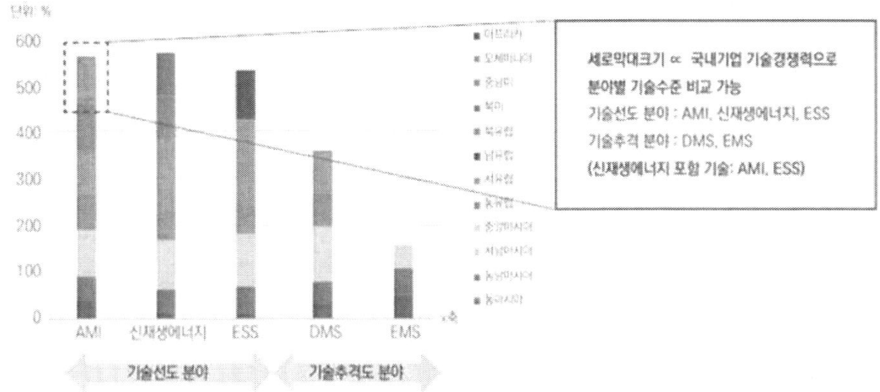

분야별 기술 경쟁력
이미지 출처: 에코미디어. 2021.04.06.

3. AMI (Advanced Meter Infrastructure)

1) AMI란

기존의 단방향 원격검침시스템(AMR, Advanced Meter Reading)기능을 기반으로 양방향 통신 기능이 추가되고 스마트미터, 계량 데이터 관리 소프트웨어 등으로 구성된 계량 시스템이다. 수용가내에 다양한 통신모듈 및 스마트미터를 설치함으로써 소비자의 다양한 에너지 사용량을 계획대로 측정, 분석하고 전력 생산자가 소비자의 전력사용 정보를 원격으로 수집할 수 있다.

다음의 AMI 구성도에서 보듯 각 가정으로부터 스마트미터로 에너지 사용 정보를 교환하는 HAN(Home Area Network), 스마트미터로부터 DCU까지 에너지 정보를 교환하는 NAN(Neighborhood Area Network) 그리고 전력회사와 DCU를 연계하는 통신망이 WAN(Wide Area Network)로 구성되어 있다.

단순히 전력 요금 정산기로써 일정 기간에 걸친 총 사용량만을 기록하는 기존의 전력량계와 달리, AMI 시스템에서의 스마트미터 사용은 에너지 효율 향상, 자동사고 탐지 및 복구 서비스, 정확한 정보를 포함한 전기요금 청구서, 용량증설 비용 해결, 다양한 요금 서비스 제공 등 전반적인 전력사업의 현대화를 구축할 수 있도록 돕는다.

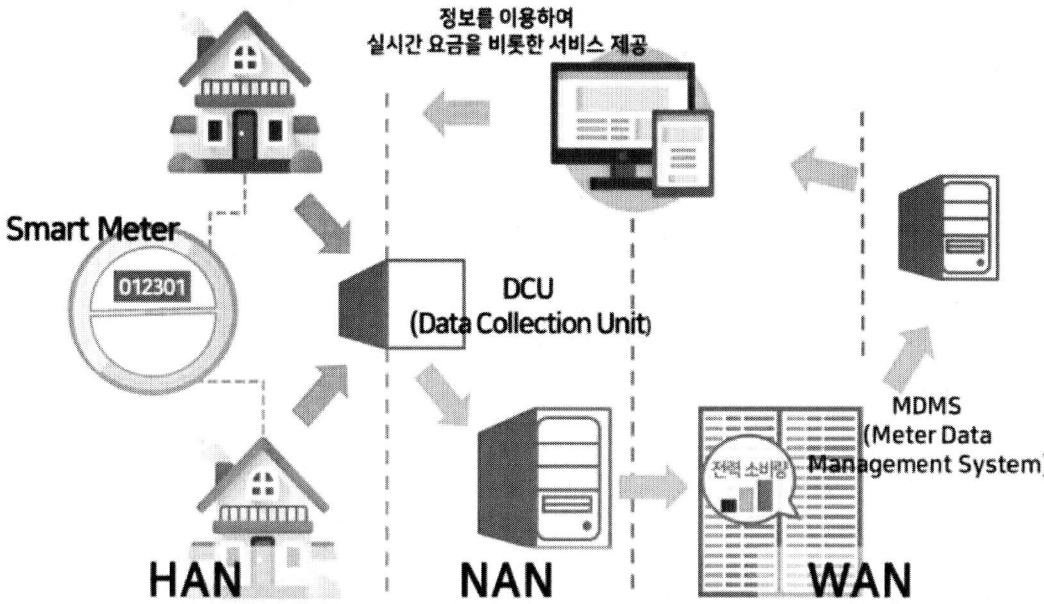

AMI의 구성도
이미지 출처: 한국가스공사 블로그

AMI는 에너지 측정, 데이터 관리 및 과금, 복구 등의 다양한 서비스를 제공하기 위해 다양한 스마트 기술을 적용하고 있는데 주요 요소는 다음과 같이 구성되어 있다.

- Meter Data Mgt System(MDMS): 다양한 미터링 시스템으로부터 취득된 미터 데이터들을 관리.

- Customer Information System(CIS): 고객정보 기반으로 고객 관리와 과금의 주체가 되는 시스템.

- Outage Management System(OMS): 수용기 측의 정전 정보를 수집하고 저장하며, 정전에 대응하여 타 시스템에 이에 따른 조치에 대한 명령을 전달.

- Work Mgt System(WMS): 미터의 설치나 서비스 등 작업자들에 대한 명령과 실행 기록

- Enterprise Asset Mgt(EAM): 미터나 HAN내의 전력사 소유의 디바이스 등 전력사 자산에 대해 취득, 운용, 소멸에 대한 기록 관리

- 스마트미터: 양방향 통신 기반이며 AMI의 중심적인 역할을 하는 기기.

2) AMI 관련 동향

AMI 보급 확산은 전 세계적인 흐름이다. 스마트 그리드 구축이라는 정부 정책과 에너지 효율 향상에 따른 비용 절감, 신재생 확대 등의 추세에 따라 AMI 필요성이 부각되고 있기 때문이다. 2021년에는 전 세계 스마트미터가 9억2200만대 보급될 것이란 전망도 나온다. 국내에서도 한전이 2010년부터 AMI 보급 사업을 시작했다. 2020년에 공표된 정부의 한국판 그린 뉴딜 정책에 따라 아파트 AMI 사업도 시동을 걸 것으로 보인다.[9)]

- 한전 AMI 목표 총 2250만호, 현 보급률은 43%

한전의 AMI 보급 사업은 2010년 1월 정부의 스마트 그리드 국가로드맵 수립에 따라 시작됐다. 사업은 총 6차로 나누어져 있고, 2020년까지 한전 수용가 2250만호에 AMI를 보급하는 것이 주요 골자다.

2010년 250만호로 AMI 보급 사업의 첫 삽을 떴지만, 이듬해인 2011년과 2012년도에 통신 시험장비와 KS표준 인증시험절차 오류 등의 이슈로 사업이 중단됐다. 2013년에 200만호 AMI 사업이 재개됐지만, 통신(PLC) 특허소송에 휘말려 이를 해결하는데 장시간이 소요됐다. 또 자재 납품업체의 경영악화에 따른 계약해지, 납기지연도 변수로 작용했다. 우여곡절 끝에 2017년 300만호, 2018년 400만호를 목표로 사업을 추진해 2020년 5월 기준 총 2250만호 가운데 962만호(43%)에 AMI가 보급됐다.

AMI 구성요소들도 변화를 겪어 왔다. 계량기는 4차례 버전업했다. E-Type, 표준형(단종), AE-Type, G-Type 등 총 4종이다. 현재는 보안계기 도입이 추진되고 있다. 이는 2012년 산자부가 고시한 지능형전력망법에 따른 것이다.

현재 한전 AMI 보급은 4차 사업이 진행 중이고, 5차와 6차 사업을 남겨두고 있다. 특히 5차 사업은 AMI 통신(DCU, 모뎀)망 구축사업으로, K-DCU와 게이트웨이 도입 이슈가 업계 최대 관심사다. 5차 사업은 현재 5-1차, 5-2차로 세분화된 상태다.

최근 한전 조달시스템 SRM 사이트를 통해 5-1차 K-DCU 사전 규격이 고시됐고, 5-2차 사업은 K-DCU와 게이트웨이 간의 성능 비교에 따라 사업을 추진할 것으로 알려졌다.[10)]

9) 전기신문, 2020.09.28.
10) 전기신문, 2020.09.28.

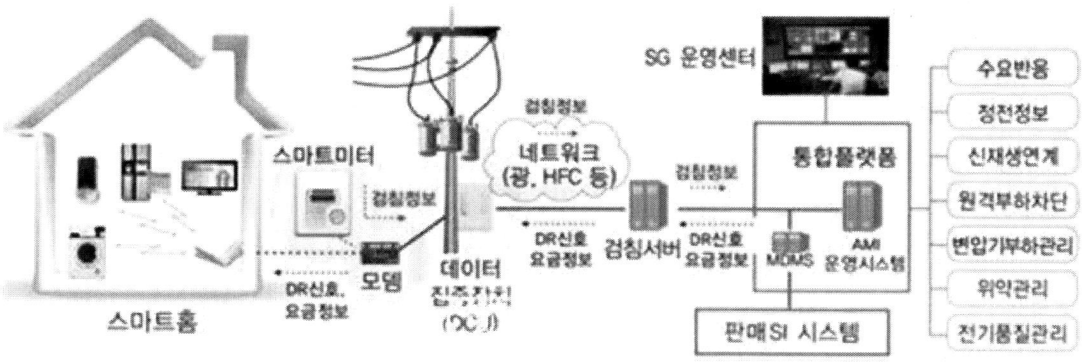

아파트 AMI(Advanced Metering Infrastructure) 구성도
출처: 전기신문

- **해외 AMI와 국내 AMI**

한전 경영연구원의 글로벌 주요국 AMI 보급 현황을 보면 2017년 기준 독일은 4%, 영국은 26%, 일본은 48%, 미국은 52%, 이탈리아는 100%를 각각 달성했다.

해외에서 AMI 보급을 완료한 대표 국가는 이탈리아다. 이탈리아는 민영화에 따른 전력회사의 효율성이 강조되면서 Enel 주도로 2001년 보급 사업을 시작해 2011년까지 10년에 걸쳐 1세대 100%보급을 완료했다.
특히 2003년 대규모 정전을 겪으면서 스마트미터 설치 의무화에 가속도가 붙었다. 현재는 서비스 고도화 역량을 비롯해 1세대에서 2세대 스마트미터로 대규모 교체를 추진하고 있다.

< 세계 스마트미터 보급 전망 ('17~'21년) >

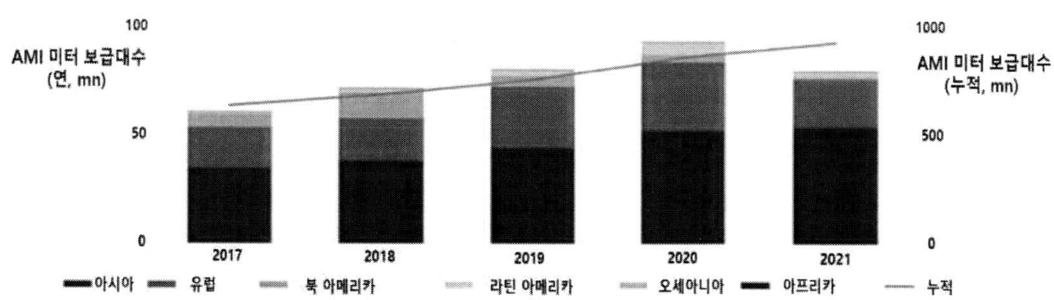

* 출처 : GTM(Green Technology Media) Research

이미지 출처: 한국에너지공단 이슈 리포트

이외에도 미국의 경우 전력망 노후화에 따라, 영국은 에너지 절감을 목표로, 독일은 신재생 확대에 대비해 각각 AMI 사업이 추진 중이다.

하지만 기술적인 문제와 비용·편익의 불확실성으로 보급이 지연되고 있다. 특히 영국과 독일은 국내에서도 이슈화되고 있는 대량 리콜 사태, 기술적 결함, 데이터 보안에 따른 규제 등으로 지연되고 있어 주목할 만하다. 다만 EU가 올해까지 스마트미터 보급률 80% 이상을 목표로 회원국에 보급 의무화를 주문해 사업 장애 요인이 있더라도 AMI 구축사업은 계속해서 진행될 것으로 보인다.

더불어 국내 AMI사업의 경우 해외와 다른 독특한 특징을 가지고 있다. 업계 한 전문가는 "AMI 사업 규모면에서 한전에서 보급 중인 2250만호는 일괄수주방식으로 진행돼 단일 전력회사 규모로는 세계적"이라며 "해외의 경우 해외전력사가 외부 솔루션 공급자에게 턴키방식으로 제공하고 있다"고 전했다.

기술적으로도 차별화된 특징이 있다. 유럽은 저속 PLC기반, 미국은 무선통신 기반, 국내는 고속PLC 기반의 통신기술을 주로 사용하고 있다. 국내에서 현재 도입 중인 IoT PLC와 HPGP 등의 고속 PLC 기술은 지중선로(땅속)에서도 통신 안전성을 확보한다는 게 최대 장점이다. 이와 관련해 업계 관계자는 "특히 아파트 AMI의 경우 고속PLC기술이 품질과 비용측면에서 경쟁력이 우수한 것으로 분석되고 있다"며 향후 아파트 AMI에서의 국내 기술 차별성을 강조했다.[11)]

11) 전기신문, 2020.09.28.

4. 에너지 관리 시스템(EMS)

1) EMS란

에너지 효율 향상을 위한 가장 효과적인 접근 방법 중 하나는 합리적 에너지 사용을 위한 체계적인 에너지관리라고 할 수 있다. 이에 에너지관리를 기반으로 에너지 효율을 최적화하는 지능형 에너지 공급 및 사용체계를 구축하여 이용하는 것이 새로운 방안으로 부상하였다.

에너지 사용을 최적화하기 위해서는 에너지 생산 및 공급(전기, 가스, 열)과 에너지 소비원에 대해 부문별 최적화와 함께 각 분야 간 상호 연계 융합이 필수적이며, 이를 위해 에너지와 ICT, 엔지니어링 기술이 융합된 다양한 에너지관리시스템이 필수적으로 요구될 것으로 예측된다.

에너지 관리 시스템이라고 불리는 EMS는 다양한 분야에서 적용되어 의미가 조금씩 다르지만, 가장 기본적인 의미는 정보통신 기술(ICT)을 이용해 에너지 사용 상황을 최적으로 파악하고 관리해 비효율적인 에너지 사용을 줄임으로써 능동적으로 에너지 관리를 가능하게 하는 시스템(IT 소프트웨어)을 말한다. EMS는 수요는 늘어나지만, 발전을 늘리는데 많은 제약이 따르는 지금 추세에서 에너지를 합리적으로 사용하기 위해 필수적인 솔루션으로 평가받고 있다.[12)]

에너지 관리 시스템(EMS)은 ESS를 포함한 발전원, 부하, 그리드 간 에너지 흐름을 최적화하는 역할을 한다. 최근 추세는 스마트그리드와 연계된 EMS의 중요성이다. EMS는 태양광·풍력 발전량과 전력수요 데이터를 실시간으로 분석해 배터리 충·방전 스케줄을 자동 결정하고, 발전 설비와 부하 장비를 통합 제어한다. 예를 들어, 국내에서는 경기도 공공건물 ESS 실증 사업과 같이 AI 기반 분석으로 전력 사용 패턴을 학습해 피크전력을 줄이고 화재 위험을 사전 탐지하는 시스템이 개발되고 있다. 또한, 마이크로그리드 운영용 EMS는 설비 간 에너지 거래와 VPP(Virtual Power Plant) 참여를 지원한다. 해외에서도 유럽과 미국의 전력 시장에서 EMS 소프트웨어를 통해 EV 충전기, 태양광, ESS 등을 연계해 V2G 및 VPP 서비스를 구현하는 연구가 활발하다. 이처럼 EMS는 하드웨어 중심이던 ESS 운영을 디지털화·지능화하는 추세로, 궁극적으로 분산전원 통합과 에너지 효율 극대화에 기여한다.

전 세계 EMS 시장은 2016년 324억 1,000만 달러에서 연평균 성장률 18.8%로 증가하여, 2021년에는 767억 5,000만 달러에 이를 것으로 전망되는 만큼, 앞으로의 효율적인 에너지 사용의 추세는 계속될 것이고 EMS의 역할은 더욱더 커질 것이다.

---

12) 대학생신재생에너지기자단, 2020.05.25.

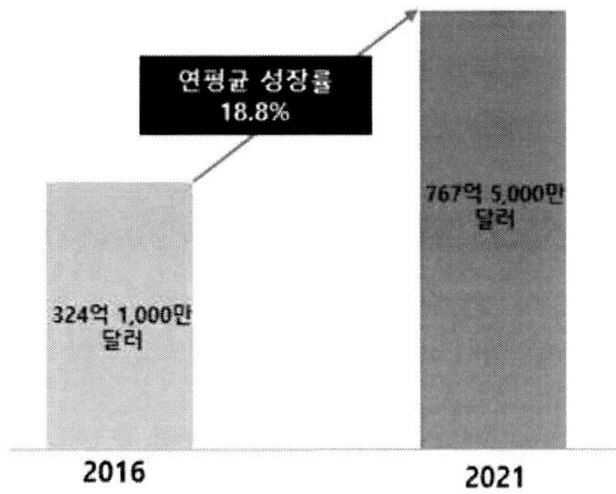

글로벌 에너지 관리 시스템 시장 규모 및 전망
이미지 출처: INNOPOLIS

2) EMS의 종류

(1) BEMS (Building Energy Management System)

BEMS(Building Energy Management System : 건물에너지관리시스템)은 건물 내 각종 에너지 사용정보를 센서·계측기로 데이터 확보를 통해 실시간으로 모니터링하고 수집데이터를 분석하여 에너지사용을 최적화 및 제어하는 시스템을 뜻한다.[13]

BEMS는 빌딩 내부적으로 사용하는 조명이나 콘센트, 냉난방 장치 등 건물 내에서 에너지를 사용하는 기기에 계측 장비를 설치함과 동시에 통신망을 연계하여 효율적으로 에너지를 관리 할 수 있도록 도와준다. BEMS가 꼭 필요한 이유는 정전(블랙아웃)을 대비함과 동시에 탄소 배출량을 감소시키고 나아가 에너지를 효율적으로 사용함으로써 유지비용 절감은 물론 쾌적한 실내환경을 관리할 수 있기 때문이다.

13) 국토교통부 보도자료(2014,08,01), BEMS KS 제정

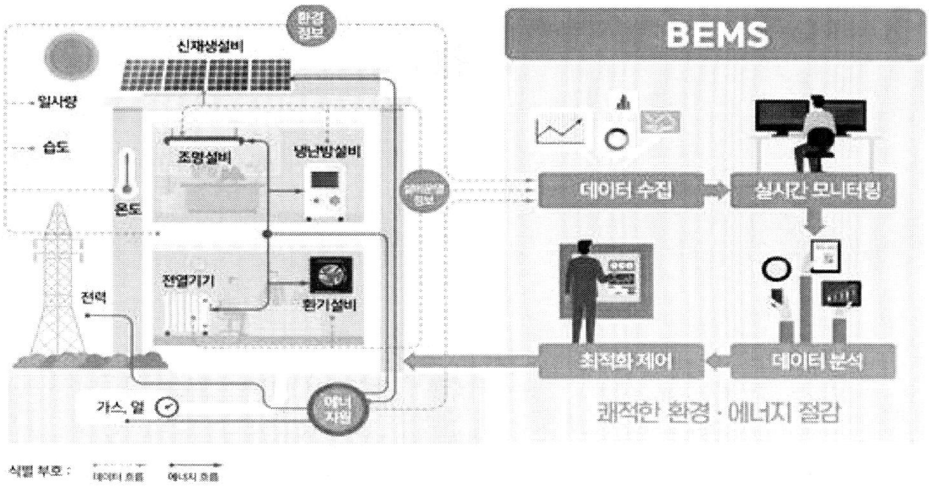

BEMS 개념도
이미지 출처: 전기신문

BEMS는 시스템 기반의 하드웨어, 소프트웨어와 함께 전문인력을 바탕으로 구성된 ICT와 연관된 사업이다.

BEMS의 구성 요건

분류		내용
시스템기반	하드웨어	저가형 고성능 센서 · 계측기기, 유무선 통신기기, 자동제어 기기
	소프트웨어	건축물에너지소비량 분석기술에 기반한 최적제어 알고리즘 및 프로그램
전문인력		하드웨어 및 소프트웨어 개발자, BEMS 운용 전문가

국내 BEMS는 대형빌딩을 위주로 난방/공조(Heat Ventilation Air Conditioning : HVAC), 조명, 전력 등의 분야에 다양한 건물자동화시스템 설비 및 이를 제어하기 위한 자동화 제어 서버를 구축하여 빌딩 단위로 운영 및 관리하고 있는 시스템 레벨에서 운영되고 있다. 초기 BEMS 사업은 에너지 전문 중소업체를 중심으로 도입되었으나 도입 확대 및 사업전망에 따라 통신사업자, SI/IT 사업자 등 대기업이 BEMS 사업에 활발히 참여하고 있다.

해외 BEMS 업체 및 기술개발 동향을 살펴보면 미국은 자동제어 기술 기반의 BEMS 분석 소프트웨어 공급 중심으로 건물 에너지 계측방안 및 데이터 분석기술 등 고성능 BEMS 도입 기반이 견고하다. 정부는 관련 업계와 협력하여 건축물의 에너지 성능과 유지 관리 비용을 최적화하기 위한 기능 통합 지식 시스템 구축 연구를 활발히 하고 있다.

EU는 OECD 산하 국제 에너지 기구(IEA)의 주요국 중심으로 최적화 설계 및 제어기술, 고정진단 기술, 사후처리 기술, 통합화 기술 등 관련 연구수행 중이다. 고성능 BEMS를 실제 건축물에 적용할 수 있는 기술 수준에 도달했다.

BEMS 시장 동향을 살펴보면 전 세계 에너지 소비량의 약 40%가 건물에서 소비되고 있다. 특히 세계 각국이 탄소중립 의지를 천명하고 있어 그린뉴딜·탄소중립 실현의 핵심 사업으로 '건물 에너지 관리 시스템(BEMS)'이 주목받고 있다. 우리 정부도 공공기관을 중심으로 제로에너지빌딩 적용 의무화가 점차 확대되고 있고, BEMS 보조금 지원사업도 진행 중이다. 이 같은 정책 이행뿐만 아니라 건물자산 가치 측면에서도 BEMS를 도입해 에너지효율 개선과 자산가치를 높이려는 노력이 시도되고 있다.

최근에는 ESG 트렌드와 맞물려 민간 부문으로까지 확산될 가능성이 크다. 게다가 최근 건물 내 태양광 설치가 늘면서 전력공급도 충분하다. 전기를 무조건 쓰지 않고 줄이던 과거와 달리 현대 사회에서는 시간에 따라 전기의 가치가 변화하고 있다.

현재 BEMS 산업은 정부와 민간 영역 모두에서 지각변동을 겪고 있다. 이미 10여년 전부터 BEMS에 대한 관심과 시도는 많았지만, 보급이 활성화되지는 못했다. 2017년에 정부가 대규모 공공건물(연면적 1만㎡ 이상)에 BEMS 설치를 의무화하며 BEMS 보급에 조금씩 속도가 붙고 있다.

녹색 건축 정책의 핵심인 제로에너지건축물(ZEB) 활성화 방안의 일환으로 BEMS 보조금 지원 시범사업도 진행 중이다. BEMS가 ZEB 인증을 받기 위한 필수 요소이고, 실제 BEMS를 설치하는 경우 20% 정도의 에너지 절감이 예상되기 때문이다.

또 다른 변화는 BEMS 시장이 단순 보급을 넘어 점차 소비자 중심 '서비스'에 주목한다는 점이다. 업계 한 전문가는 "BEMS는 건물의 에너지 절감효과를 내는 것에서 나아가 서비스를 통해 소비자를 위한 사업까지 모두 포괄한 개념"이라며 BEMS 발전을 위해 소비자 중심 서비스에 주목해야 한다고 강조했다. 이어 "최근 BEMS의 흐름을 보면 지자체나 소상공인을 대상으로 한 서비스사업을 추진하려는 시도가 꾸준히 이뤄지고 있다"며 "대표적으로 대기업이 통합 플랫폼을 제공하고, 중소기업이 이 플랫폼을 활용해 서비스를 만들어내는 형태"라고 설명했다. 대기업이 플랫폼을 제공하면 중소기업은 이를 활용해 서비스를 만들고, 여기서 나온 데이터를 대기업과 공유하는 형태가 대·중소간 상생방안이라는 게 업계 얘기다.

특히 카페나 식당의 조명 및 실외기 자동제어 등을 통해 사람의 유무에 따라 특정 공간만 기기를 작동시키고, 쇼케이스 내 식품의 온도, 신선도 등을 소비자에게 보여주는 등의 통합시스템 형태의 BEMS가 주목받고 있다. 업계 관계자는 "대기업의 플랫폼을 활용해 소상공인들은 투자 비용을 줄일 수 있고, 소상공인들은 자신의 가게에서 신선한 제품을 판매하고 있다는 것을 소비자에게 광고할 수 있어 반응이 좋다"고 전했다.

이밖에도 BEMS를 활용한 다양한 아이디어들이 제안되고 있다. 전통시장의 경우 화재에

취약한 경우가 많아 배전반 안에 센서가 달린 소화기를 설치해 화재가 발생하면 1차적으로 배전반 내 소화기가 화재를 진압하고, 2차적으로 전통시장 관리실, 소방서에 정보를 공유하는 서비스 등이 고안되고 있다.[14]

BEMS 설치 효과 주요 사례

사례	설치전('18년)	설치후('19년)	에너지 절감율
A 기관 청사	1,390,567kWh	1,151,420kWh	-17.2%
B 중앙도서관	753,119kWh	580,367kWh	-22.9%

출처:BEMS KS 기반의 설계·시공운영관리 기술 개발 및 실증(건기연, 2020.10)

BEMS 설치 효과 주요 사례.
출처: BEMS KS 기반의 설계·시공·운영·관리 기술 개발 및 실증(건기연, 2020년 10월)

(2) FEMS (Factory Energy Management System)

FEMS(Factory Energy Management System)은 공장 전용 에너지 관리 시스템으로 생산수요에 적합하도록 설비의 에너지 사용과 낭비 및 비용을 최적화해 효율적으로 공장을 운영하는데 목적이 있다. 'F'는 'Factory'라는 공장이라는 단어로 말 그대로 공장에서 사용하는 모든 에너지를 효율적으로 관리해주는 시스템을 말한다.
제품의 생산과 공정관리가 복잡하게 구성된 일반 공장의 경우 생산라인마다 센서를 설치하여 FEMS가 공장에서 사용하는 에너지 소비를 통합적으로 관리해 가장 최적의 에너지 사용 환경을 구축할 수 있도록 도움을 주고 있다. 이 시스템을 통해 누수되는 전기와 온실가스 배출을 줄일 수 있다. 일반 빌딩이나 가정 등에서 사용하는 에너지보다 수십, 수백 배 이상을 많이 사용할 수밖에 없는 공장의 입장에서는 에너지 통합제어 시스템인 FEMS 도입이 불가피해 보인다.

---
14) 전기신문, 2021.05.20.

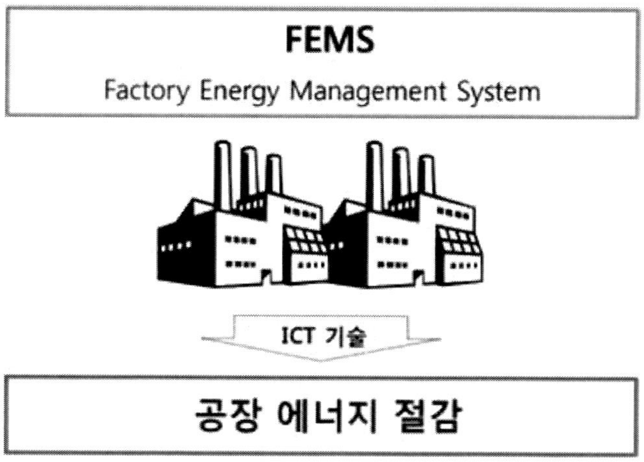

공장은 사업장의 규모와 업종의 특성에 따라 에너지의 발생원부터 사용처, 폐기 등의 관리해야 할 에너지 자원이 매우 다양하고 공장 규모 및 특성에 따라 다르다. 이렇게 관리해야할 에너지 측면에 대해 에너지 관리의 기본적 솔루션은 에너지 사용을 계측하고 실시간으로 모니터링하여 제어하는 방법으로 계측, 통신, 및 시각화 장비 등 하드웨어와 데이터 집계, 분석 및 제어 등 소프트웨어 기술로 구성되어 있다. 에너지 생산/공급부터 에너지 소비에 걸쳐 전체적으로 에너지 효율화를 위한 방안으로 FEMS의 적용이 필요하다.

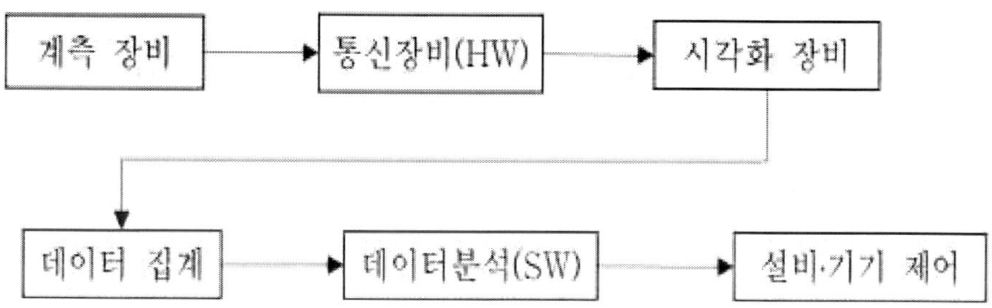

FEMS 구성요소

최근 국내뿐만 아니라 세계적으로 EMS에 대한 관심 및 기술이 개발되어 과거 단순히 에너지 사용 계측과 시각화에서 벗어나 최근 제어기능이 추가되어 고도화 추세를 보이고 있다.

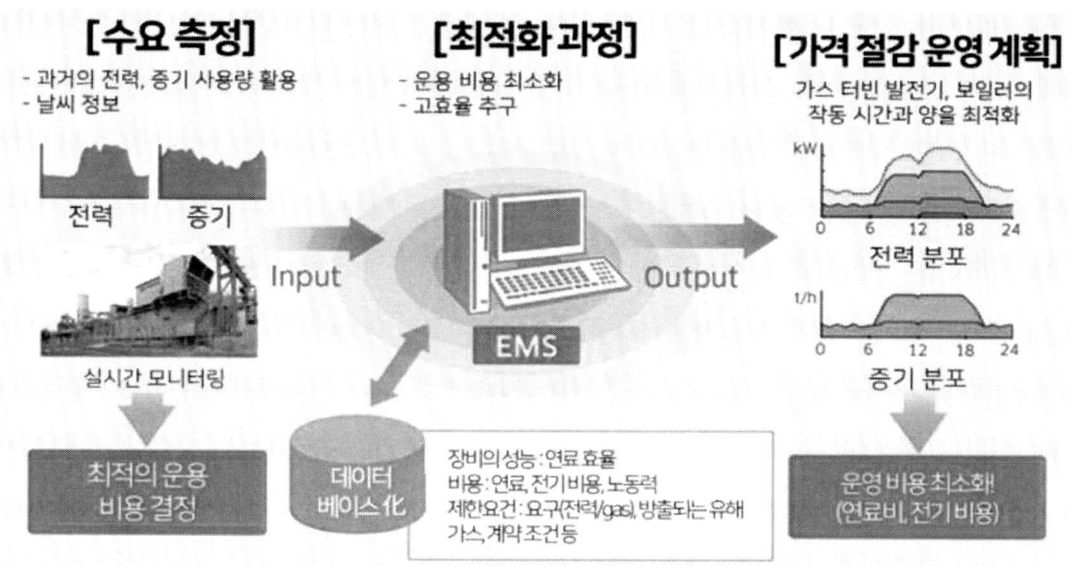

FEMS의 구성도, 이미지 출처: 한국가스공사블로그

일반적으로 EMS는 모니터링 시스템, 제어 시스템, 에너지 분석 시스템, 시뮬레이션 시스템, 외부 및 연계 시스템, 기본정보관리 시스템으로 구성된다. 모니터링 시스템은 에너지 사용 설비 및 기기의 에너지 사용량을 계측하여 집계 · 저장하고 실시간으로 시각화하여 보여준다. 센서류, 계측기, 설비운영 소프트웨어로부터 에너지 사용량을 포함한 다양한 에너지 관련 데이터를 수집하고 설비 · 기기 가동 정보 등 에너지 분석을 위한 추가적인 정보를 수집 · 통합하게 된다. 그 후 에너지 흐름도 등의 기준정보를 확보해 에너지 효율개선을 위해 사용한다.

2018년 온실가스 배출권거래제 제2기 계획기간이 시작되면서 3%의 유상할당제가 개시됐다. 내년 제3기 계획기간이 시작되면 유상할당비율은 10%로 늘어난다. 또한 제3차 에너지기본계획(이하 3차 에너지기본계획)에 따라 산업부문은 2030년까지 온실가스 배출을 BAU대비 8.1%p 감축해야 한다.[15)]

사실상 현재까지 FEMS 시장규모는 기대에 못 미쳤던 것이 사실이다. 2014년 산업통상자원부가 발표한 '2013년 국내 EMS 도입현황 실태조사'에 따르면 FEMS시장은 2013년 2,096억원에서 2020년 1조1,152억원으로 연평균 28.4% 성장할 것으로 전망했다. 그러나 업계관계자들은 실제 체감되는 성장률은 당시 전망한 성장률에 비해 한참 못 미친다는 인식이 크다. 황현태 메타넷대우정보 스마트팩토리팀 부장은 "당시 시장조사 이후 정부나 협·단체를 통해 발표된 공식통계는 없지만 1조원대 시장으로 성장했다고 보기는 어렵다"라며 "소프트웨어, 엔지니어링 비용에 더해 계측기, 유량계, 서버구축비 등 시스템인프라까지 포함해야 비슷한 규모가 될 것"이라고 밝혔다.

15) 칸뉴스, 2020.09.06.

최근 전 세계적으로 화두가 되고 있는 그린뉴딜 이슈에 따라 국내 각계에서는 우리나라도 2050년까지 탄소배출 넷제로(Net Zero)로 해야하며 이를 위해 단·중·장기 감축목표를 강화해야 한다는 목소리가 커지고 있다. 정부도 이에 대해 긍정적인 검토를 하고 있는 만큼 감축목표도 지속 강화될 가능성이 높다. 이에 따라 앞으로 추가되는 규제들을 만족시키기 위해서는 그간 주목하지 않았던 FEMS와 같은 에너지절감 솔루션에 눈길을 돌리게 될 전망이다. 또한 3차 에너지기본계획에 따라 에너지다소비업체는 2025년부터 FEMS설치가 의무화되기 때문에 온실가스 규제 대응 시 FEMS를 우선적으로 고려할 가능성이 커졌다.

배출권거래제나 목표관리제 규제를 받지 않는 중소사업장 역시 정부가 앞으로 관리대상에 포함할 예정이어서 FEMS시장 성장가능성이 점쳐지고 있다. 정부는 10만TOE 미만 중소·중견기업에 스마트공장과 연계해 FEMS 보급지원을 확대할 방침이다.

다만 시장의 분위기 변화가 감지되고 있고 앞으로 정부의 육성정책이 본격화되면 시장이 성장할 수 있을 전망이다. 3차 에너지기본계획에서 FEMS 의무화 및 지원제도가 이뤄지고 정책목표 물량을 채운다면 시장확대에 긍정적인 영향을 줄 것으로 분석된다.

제3차 에너지기본계획 상 FEMS 의무화 및 육성지원 내용
(공장에너지관리시스템 확대) 에너지사용최적화를 위한 FEMS 확대 - 10만 TOE 이상 에너지 다소비업체 대상으로 FEMS 설치 의무화(2025) * 10만 TOE 이상 사업장 수는 157개, 산업부문 총 에너지 사용의 57.7% * 독일의 경우, 자발적 협약 사업장(4,400여개) 대상 EMS 도입 의무화(2016) - 10만 TOE 미만 중소기업의 경우 스마트공장과 연계해 FEMS 보급 지원 확대 (2040년까지 신규 3,000개 이상)

3차 에너지기본계획으로 의무화 적용을 받는 사업장 수는 2017년 기준 157개로 추산된다. 이들이 대부분 대기업이고 FEMS업계에서 대기업에 납품하는 소프트웨어 가격이 약 10억원 안팎임을 감안하면 2025년까지 1,570억원 시장이 추가된다. 또한 2040년까지 정부가 3,000개의 중소·중견기업에 FEMS보급을 지원하겠다고 밝혔고 이들에 공급되는 소프트웨어 가격이 3억원 안팎이기 때문에 목표를 달성할 경우 시장규모는 9,000억원이 더해진다. 연간으로 환산하면 약 500억원이어서 당초 성장률 전망치에 비하면 큰 규모는 아니지만 감축목표 확대, 그린뉴딜정책 등이 예상되는 만큼 추가적인 시장확대를 기대할 수 있다.

용도별로 에너지사용설비의 부하패턴이 유사해 모델화할 수 있는 BEMS(Building Energy Management System)와 달리 FEMS는 산업시설마다 생산품목이 천차만별이어서 이에 대한 이해가 필수적이다.

산업시설은 사실상 에너지절감보다 생산성과 품질이 1순위 고려사항이어서 아무리 에너지절감 효과가 높더라도 생산성·품질이 조금이라도 저하될 경우 적용의 효용성이 없고 FEMS 도입 의사결정이 이뤄지지 않게 된다. 이에 따라 BEMS가 사람중심의 쾌적환경 조성에 방점을 둔 반면 FEMS는 생산환경과 생산설비의 최적화에 우선순위를 둬야 한다. 생산량 증가 시 변동되는 에너지를 어떻게 최적화할 것인지가 최우선 과제가 되는 이유다. 이와 같은 특성에 따라 FEMS 전문기업은 모든 산업군을 다루지 않고 특정 공정에 전문성을 확보하고 관련시장에서 활동하고 있다.

공장 등 산업시설은 생산라인의 방식에 따라 △연속공정 △배치공정 △단속공정 등 3가지로 구분된다. 단속공정은 공정이 진행되는 과정에서 제품의 생산이 단속적으로 이뤄지는 공정을 말한다. 소규모로 여러 제품을 번갈아 생산하거나 각 제품에 따라 다른 작업과정을 거쳐야 하는 품목들이 해당한다. 자동차 등 기계조립 공정이 대표적이며 공정마다 생산라인을 개별적으로 중단·재개시킬 수 있다는 특징이 있다.

연속공정은 원료를 장치에 일정한 유량으로 연속적으로 넣는 동시에 완제품 역시 연속적으로 생산되는 공정을 말한다. 정유·석유화학과 같이 한번 공정이 시작되면 완제품이 생산될 때까지 중간에 멈춰 세울 수 없다. 배치공정은 1회 공정마다 어느 정도 용량을 구획해 반응, 혼합, 가열 등 일련의 처리를 가하고 다음 공정으로 넘겨지는 공정이다. 제약·바이오산업이 단속·연속공정의 특성을 동시에 갖고 있다. 반응기에 원료를 넣고 특정 환경조건을 만든 뒤 숙성·발효·반응시키는 과정은 한번 시작되면 중간에 멈출 수 없지만 이후 분류·포장 등 과정은 단속적으로 이뤄져 생산라인을 세울 수 있다.[16)]

연속공정의 경우 대부분 장치산업이고 에너지소비가 많다. 규모가 크기 때문에 주로 하니웰, 아스펜텍 등 글로벌기업이 비교우위를 차지한다. 중소기업을 포함한 국내기업 대부분은 단속·배치공정을 중심으로 FEMS를 적용하고 있다.

최근 업계는 AI기반 FEMS를 차세대 기술로 보고 서서히 연구개발이 이뤄지고 있다. 제어방식은 크게 △스태틱컨트롤(Static Control: 정위제어) △다이나믹컨트롤(Dynamic Control: 동적제어) 등 2가지로 나뉜다.

지금까지는 정위제어방식이 활용되는 수준이다. 이는 특정 목푯값을 설정하면 시스템이 변수를 제어하고 변수가 해당목표에 도달하면 제어를 멈추는 방식이다. 에어컨 온도를

16) 칸뉴스, 온실가스·에너지 규제강화, FEMS '주목', 2020.09.06.

26℃로 설정한 뒤 실내온도가 도달하면 에어컨이 작동을 멈추는 방식이다. 이와 같은 방식은 다양한 영향변수를 고려하지 못하기 때문에 한계가 있다. 목푯값을 설정하기는 하지만 실제로 제어의 목적은 재실자의 쾌적성 확보에 있다. 에너지절감 이슈도 재실자 쾌적성 확보에 가장 적은 에너지를 들인다는 개념이다.

그러나 실내·외 조건, 온·습도 변화, 일사량 유입의 정도 등 재실자 쾌적성에 영향을 미치는 요인은 다양하다. 온도가 목표 값에 도달했다고 하더라도 재실자가 쾌적하지 않은 상황이 다수 발생한다. 동적제어방식은 정위제어방식에서 다양한 환경요인을 대상으로 쾌적하지 않은 요인을 판단해 목표 값을 재설정하는 것이다. 실내·외 온·습도, 기상조건 등 다양한 변수를 지속적으로 모니터링하며 최적 목표 값을 찾아 제어한다.

이와 같은 방식은 다양한 요인을 매순간 고려해야 하기 때문에 수동제어가 불가능하다. 빅데이터, 분석기술, AI기술이 필수적이다. FEMS분야의 기술혁신은 AI 적용이 될 전망이며 관련기술 확보가 기술적 우위의 관건이 될 것으로 예상된다.

(3) HEMS (Home Energy Managemnt System)

HEMS(Home Energy Managemnt System)은 가정용 에너지 관리 시스템을 말한다. 가정에서 사용하는 전력, 가스, 열 등의 이용을 IT기술을 활용하여 종합적으로 에너지를 관리하는 시스템이다. HEMS의 특징은 가정 내 에너지의 흐름과 사용량을 수치로 확인할 수 있다는 점이다. 시스템 구축방법 및 소프트웨어에 따라서 에너지 사용기기 단위, 방 단위, 구역 단위에서도 소비전력을 확인할 수 있는 장점이 있다. HEMS에서 파악할 수 있는 정보는 전력 등 에너지 사용량뿐만 아니라 가정용 태양광 발전 시스템을 도입하고 있는 경우에는 발전량, 가정용 ESS나 전기 자동차와 플러그인 하이브리드 차를 가진 경우에는 배터리의 충전 전기량도 확인할 수 있다.

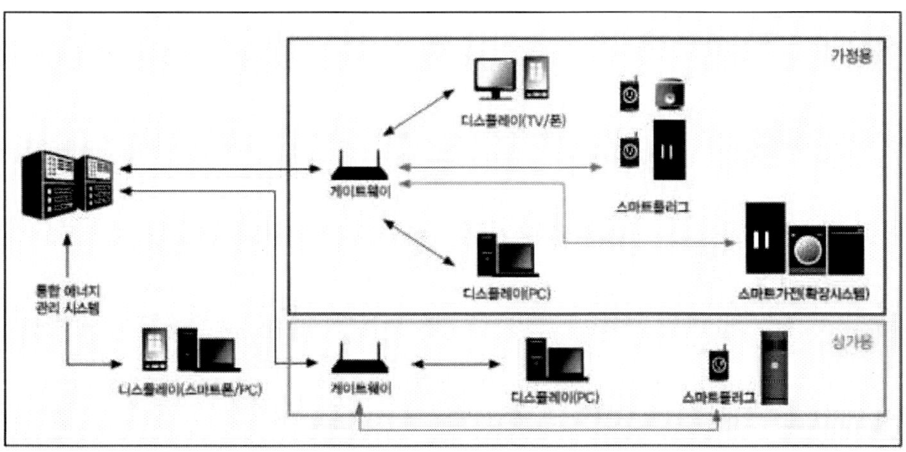

HEMS 시스템 개념도
출처 : FEMS 기술동향과 활용방안

HEMS는 주택의 에너지 소비 기기인 가전제품 등을 IT 기술을 활용하여 네트워크로 연결하고, 에너지 사용에 대한 모니터링 및 최적화를 위하여 사용자와 공급자가 실시간으로 정보를 피드백하는 형태의 진보된 시스템으로, 사물인터넷(IoT) 기술을 바탕으로 에너지 사용량을 계측하고 표시함으로써 소비자에게 에너지 절약의 필요성을 느끼게 하여 합리적인 에너지 소비를 유도하고, 효율 향상을 극대화할 수 있다.

HEMS 활용 분야를 살펴보면 다음과 같다.

- 에너지 관리 서비스: 가정 내 전력을 소비하는 디바이스들의 에너지 소비를 지능화하여 에너지소비에 대한 효율 향상 및 에너지 관리 최적화를 위한 서비스. 이를 위해 에너지 디바이스들의 제어 및 관리 서비스가 제공

- 신재생에너지 시스템 관리 서비스: 분산전원 형태로 연계된 신재생에너지 시스템은 기본적으로 내부적인 홈 환경에서 사용되며, 잉여 전력이 발생할 경우 외부 메인 그리드 즉, 전력 사업자에게 제공할 수 있음. IP 네트워크 기반으로 하며, 에너지 저장장치와 연동하여 가정 내의 에너지 수급 상황에 따라 관리.

- 수용가 전력저장 및 저장장치 관리 서비스: 지능형전력량계, 가정용 정보 표시장치(IHD) 등의 에너지 서비스 인터페이스를 통해 계측된 실시간 가격 정보에 의해서, 상대적으로 가격이 낮은 구간에서는 전력 에너지 저장장치에 전력 에너지를 저장하고, 반면에 상대적으로 높은 가격의 구간에서는 저장된 전력에너지를 에너지 저장 장치로부터 복원하여 외부 유틸리티 즉, 메인 그리드로부터의 전력 에너지 대신 수용가 내에서 사용하도록 하는 전력 저장 장치에 대한 제어 및 관리 서비스

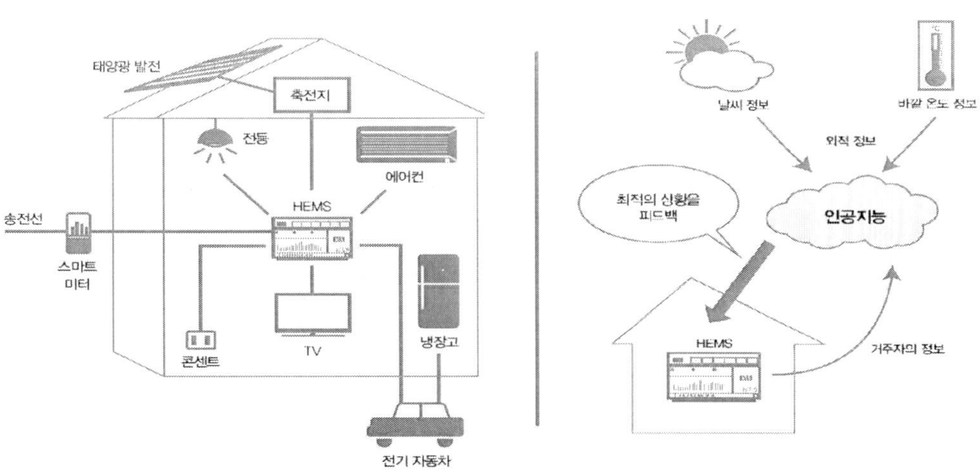

집안 전력 소비 상황을 가시화하고 실제 전기 소비량이나 공급 상황을 파악
이미지 출처: 정보문화사, 최신 IoT 사물인터넷.

- 에너지 정보 서비스: 에너지 저장 장치, 에너지 디바이스에 의해 소모된 전기 에너지의 양, 분산전원(DER)에 의해 생성된 전기 에너지 및 분산전원의 상태 등의 데이터를 포함하는 에너지 정보를 제공하는 서비스. 관련 정보는 유무선 통신 인터페이스를 통해 장소와 시간에 상관없이 이 서비스를 이용하는 고객에게 전달되며, 스마트폰과 같은 개인 휴대용 장치와 가정용 정보 표시장치(IHD)는 이러한 서비스를 위한 전형적인 장치

- 수용가 에너지 상태 표시 서비스: 가정 내에서 동작하는 장치의 에너지 상태 표시와 관련된 모니터링에 의한 에너지 사용량, 실시간 에너지 사용량 등을 표시하여 에너지 사용정보를 수용가에게 제공하고 절약하도록 유도하는 서비스

- 개인 휴대 단말을 이용한 원격 모니터링 및 제어 서비스: 외부 어디에서라도 개인용 컴퓨터, 모바일 단말기를 사용하여 가정용 에너지관리시스템과 연계된 조명, 가스, 난방 및 에너지 디바이스 장치들의 에너지 사용량을 원격으로 감시하고 제어하는 서비스

- 홈 그리드 알람 서비스: 가정용 에너지 관리시스템과 연계된 장치들의 동작 상태와 전기 에너지 상태의 감시를 통해 계통 내의 운영 이상 상태를 표시하고 알람 기능 제공

- 수용가 가전기기 동작 상태 모니터링 서비스: 가정 내에서 동작하는 기존 레거시 가전 및 스마트 가전기기의 ON/OFF, 각 가전기기의 사양에 따른 다양한 동작 모드에 관한 모니터링을 제공함. 또한 모바일 단말기를 이용한 가전기기의 원격 제어에 따른 기기의 동작 상태 및 동작 모드를 모니터링 하여 관련 정보를 수용가에게 제공

- 수용가 가전기기 관리 서비스: 가정용 에너지관리시스템에 연계되는 모든 가전기기의 물리적인 연결 상태 관리와 각 가전기기의 유지 및 보수 관리 기능을 제공하여, 장치의 수명을 연장하고 효율을 향상

- 전기자동차 및 배터리 관리 서비스: 전기 자동차는 에너지 저장장치와 같이 공급 및 소비기능을 갖고 있는 시스템. 전기자동차는 내부 배터리 관리 시스템이 있으며 가정용 에너지관리시스템과 연계되어 배터리의 상태 정보 및 충전 소요시간, 충전 예약 기능을 제공하며, 충전이 요구되는 상태와 충전이 완료된 상태를 알리는 기능 요구

- 실시간 에너지 가격 정보 서비스: 계통의 운영상태 및 수요변동 등의 실시간 수급상황을 반영하기 위한 실시간 에너지 가격 정보는 전력회사와 에너지 서비스 인터페이스(ESI)를 통하여 제공하며, 소비자들은 이러한 가격 정보에 맞추어 에너지 사용을 다양하게 할 수 있음. 또한 가격이 낮은 시간대로 에너지 사용을 옮기거나 혹은 소비를 줄임으로써 에너지 비용을 조절하는 기능 제공

5. 마이크로 그리드

1) 마이크로 그리드의 개념

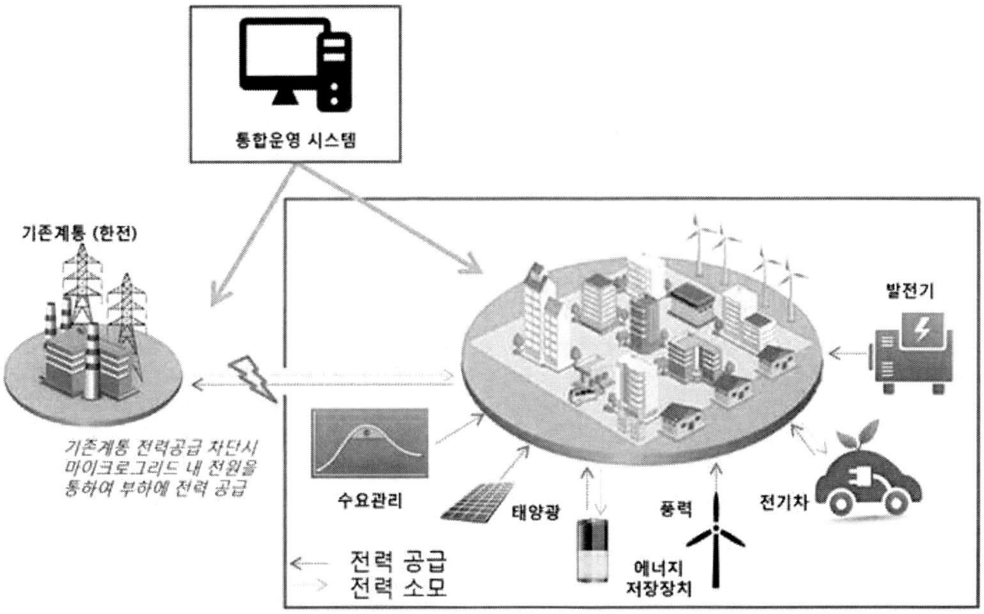

마이크로 그리드 개념도
출처 : 산업통상자원부

마이크로 그리드는 2011년 전 세계를 공포로 몰아넣었던 후쿠시마 원전사고에 의해 그 필요성이 대두되었다. 후쿠시마 원전사고로 일본 전역은 방사능 오염이라는 충격과 더불어 최악의 정전사태가 발생해 암흑에 휩싸인 적이 있었다. 그런데 이 때 사고 장소에서 멀지 않은 샌다이(Sandai)라는 지역은 암흑 속에서도 중단 없이 전기를 사용하면서 세간의 집중 조명을 받은 적이 있다. 이는 마이크로 그리드 시스템이 구축된 덕분이었다.

한편 국내에서는 9.11 순환 정전사태와 태백 지역 주민의 원자력발전소 건설 반대시위, 밀양 765kV 송전탑 건설 갈등 등 전기에너지의 사용과 관련한 다양한 상황들을 겪었거나 아직까지도 겪고 있다.

이처럼 현재 전력산업은 과거 산업화 시대에 추진했던 대규모 발전소를 건설해 생산한 전력을 초고압 전력망을 통해 전송하는 방식에서 패러다임이 변화하고 있다.

다시 말해서, 우리나라나 일본뿐만 아니라 전 세계적으로 전력에너지를 공급하기 위한 전력망(그리드)조차도 이제는 사회적 수용성을 고려하지 않으면 명분과 당위성을 인정받기 어려운 시대로 변하고 있는 것이다.

에너지 공급 측면에서 신뢰성과 회복력이라는 두 가지 장점과 더불어 에너지의 생산과 소비를 능동적으로 해결할 수 있는 에너지 기술의 대안인 마이크로 그리드가 부각되고 있다. 일반적으로 스마트 그리드를 소규모, 소지역의 특성에 맞게 적용한 시스템을 마이크로 그리드(Microgrid)라고 부른다. 즉, 스마트 그리드의 축소판이라고 볼 수 있다.

여기서 스마트 그리드는 정보통신기술(ICT)을 접목한 차세대 전력망을 말한다. 기존의 전력망은 '발전-송전·배전·판매' 단계로 이뤄져 공급자 중심의 단방향 전력망을 구성했으나, 스마트 그리드는 대규모 발전소 위주의 중앙집중형 전력 공급방식에서 탈피해 분산 에너지원으로 에너지의 공급과 수요를 관리하는 방식이다.

특히, 태양광, 풍력, 수력, 지열 등과 같은 신재생에너지 및 ICT 접목 등을 통해 전력 생산과 소비 정보를 양방향·실시간으로 주고받을 수 있다. 이를 통해 확보한 전력 정보를 이용하면 각종 환경이나 상황에 맞춰 에너지 이용효율을 최적화할 수 있을 뿐만 아니라, 남는 전력을 ESS에 저장해 개별적으로 판매하거나 부족할 경우 구매도 가능하다.

이러한 개념을 축소시킨 마이크로 그리드는 분산 에너지원을 활용하여, 소규모 단위로 에너지의 공급과 수요를 관리하는 지역 전력망이라고 할 수 있다. 마이크로 그리드의 핵심 구성 요소는 태양광, 풍력 등을 통하여 전력을 자체 생산할 수 있는 분산발전, 전력을 저장하고 필요 시 사용할 수 있게 하는 ESS, 그리고 전력의 수요와 공급을 조절하는 마이크로 그리드 운영으로 이루어져 있다.

단순히 신재생에너지원 뿐만이 아니라 다양한 분산 에너지원을 경제적으로 조합해 해당 구역에 필요한 에너지를 효율적으로 공급하는 지역 그리드를 의미한다. 마이크로 그리드는 분산전원을 활용하여 평상시에는 에너지 효율을 최적화 할 수 있으며, 전력계통의 정전 시에도 지역에 안정적인 전력공급이 가능하다.

또한 기존의 전력시스템은 발전소에서 생산한 전기를 소비자에게 전달하는 단방향 구조인데 반해, 마이크로 그리드에서는 양방향 송배전시스템을 바탕으로 일반 소비자들도 직접 전력생산에 참여할 수 있다.

마이크로 그리드 기술은 기존 전력공급체계에서 발생하는 전력손실, 발전설비 입지확보 등의 문제를 해결할 수 있으며, 폐열을 이용하여 전력과 동시에 열 공급을 가능하게 함으로써 새로운 부가가치를 창출할 수 있다.

또한 탄소절감에 기여할 수 있는 신재생 에너지 등 다양한 분산발전의 사용, ESS를 활용한 에너지 효율화 및 비용절감, 안정적인 수요와 공급이 조화를 이루는 운영 기술 등의 장점 때문에 국가 차원에서 적극적인 마이크로 그리드 투자가 이루어지고 있다.

현재는 산업단지라든지 병원, 대학 캠퍼스 등의 유틸리티에서 시행되는 마이크로 그리드가 가장 작은 형태라고 할 수 있다. 소규모의 시골, 소도시 단위, 조금 더 커지면 섬까지도 규모를 확장할 수 있는데, 유틸리티 단위의 마이크로 그리드들이 만들어지고, 연결되면 국가 단위의 스마트 그리드 생태계가 이뤄질 수 있다.

국내에도 몇몇 도서지역이나 서울대학교 등이 마이크로 그리드 사례로 언급되고 있지만, 유럽이나 일본 등에서 신재생에너지와 연계한 마이크로 그리드가 우리나라보다 활발히 운영 중이다. 유럽은 소규모 지역사회를 위해, 일본은 지진과 같은 자연재해에 대비하기 위해서다.[17)]

2) 마이크로 그리드 기술 및 특징

마이크로 그리드는 전력계통과 상시 연계여부에 따라 '계통 연계형' 마이크로 그리드와 '독립형' 마이크로 그리드로 구분할 수 있다.

계통 연계형 마이크로 그리드는 평상시에는 전력계통과 연계되어 전력을 거래하며, 비상시에는 계통으로부터 분리되어 운전할 수 있어 수용가에 무정전으로 전력을 공급할 수 있는 것이 특징이다. 주로 빌딩, 캠퍼스, 군부대 등에 적용될 수 있으며, 해당 수용가의 공급신뢰도 향상 및 전력거래를 통한 이윤추구를 목적으로 한다.

독립형 마이크로 그리드는 전기적으로 고립된 지역(섬, 사막, 극지방 등)에 전력을 공급하기 위한 용도로 개발되었으며, 기존 디젤발전소와 신재생에너지(풍력, 태양광 등), 배터리 등을 적절하게 조합하여 구축한다.

마이크로 그리드라고 하면 신재생에너지와 연계되어 자가 발전을 하는 모습을 상상하기 쉽다. 그러나 미국 에너지부에 따르면, 마이크로 그리드는 자가발전만 하는 체계이기 때문에 구축을 위해서 무조건 신재생에너지 발전원을 활용할 필요가 없다. 마이크로 그리드 추진 시에 신재생에너지원을 사용하는 이유는, 지구 온난화와 관련이 있기 때문으로 볼 수 있다. 다시 말해, 마이크로 그리드를 추진하면서 저탄소 단지를 만들고자 신재생에너지원을 활용하는 사례가 많은 것이다.[18)]

비록 아직까지는 일반적인 신재생에너지의 전력공급 단가가 대형 발전소에 비해 비싸지만, 소규모 디젤발전소와 비교할 경우, 어느 정도의 경제성을 확보할 수 있다. 또한 기존 디젤발전소에서 발생할 수 있는 환경오염(기름 유출, 매연 등)을 예방할 수 있다는 장점이 있다.

---

17) 산업일보, 스마트 그리드 축소판 '마이크로 그리드', 2021.04.13.
18) 더사이언스타임즈, 에너지 자급자족 '마이크로 그리드',2018.06.04.

그러나 무조건 경제성을 확보하기 위해 과도하게 신재생에너지를 구축하는 것은 자칫 소규모 전력계통의 안정도를 해칠 수 있다. 따라서 규정된 전압과 주파수를 유지하기 위한 예비력 설계도 고려되어야 한다.

구분	연계형	독립형
차이점	상시 계통연계(비상시 독립운전)	상시 독립운전(계통 미연계 지역)
특징	무정전, 전력거래	신재생 최적조합
대상지역	호텔리조트, 캠퍼스, 군부대	섬, 산간오지 등
구축목적	공급신뢰도 향상, 이윤추구	공급비용 절감, 환경문제
운영제약	계약전력, 전력판매	전압/주파수 유지, 예비력
에너지원	전기, 가스, 태양광	태양광, 풍력, 디젤
규모	통상 10MW 이내	규모에 따름(수백~수천kW)

마이크로 그리드의 분류

마이크로 그리드 기술은 태양광, 풍력 등의 신재생에너지 기반의 분산 발전원, 전력을 저장하여 필요 시 가능하게 하는 ESS, 유효/무효전력 제어 및 전력품질 보상, 원격제어 및 감시기능, 계통연계/단독 운전을 제어하는 PCS(Power Conditioning System), 계통의 보호를 위한 STS/IED(Static Transfer Switch/Intelligent Electronic Device), 범용 통신을 가능하게 하는 Network Gateway, 그리고 에너지 생산과 경제적 급전을 제어하는 장치인 EMS(Energy Management System) 등으로 구성된다.

구성요소	주요기능
분산발전원	- 전력 생산을 위한 태양광, 풍력 등 신재생에너지 기반의 분산발전원
ESS	- 전력을 저장하여 필요 시 반드시 그리드 내 활용할 수 있도록 전력 저장
PCS	- 유효/무효전력 제어 및 전력품질 보상 - 원격제어 및 감시기능 계통연계/단독운전 겸용
STS/IED	- 단독운전 방지 등이 배전계통 연계보호기능 - 배전계통 고장 시 독립운전 절체, 재동기 투입
Network Gateway	- 범용 통신(직렬통신, 필드버스, 이더넷)과 IEC 61850 변환 기능
EMS	- 부하(전력, 열) 및 신재생에너지 발전량 예측 - 경제급전, 자동발전제어 및 최적발전계획

마이크로 그리드 기술 구성

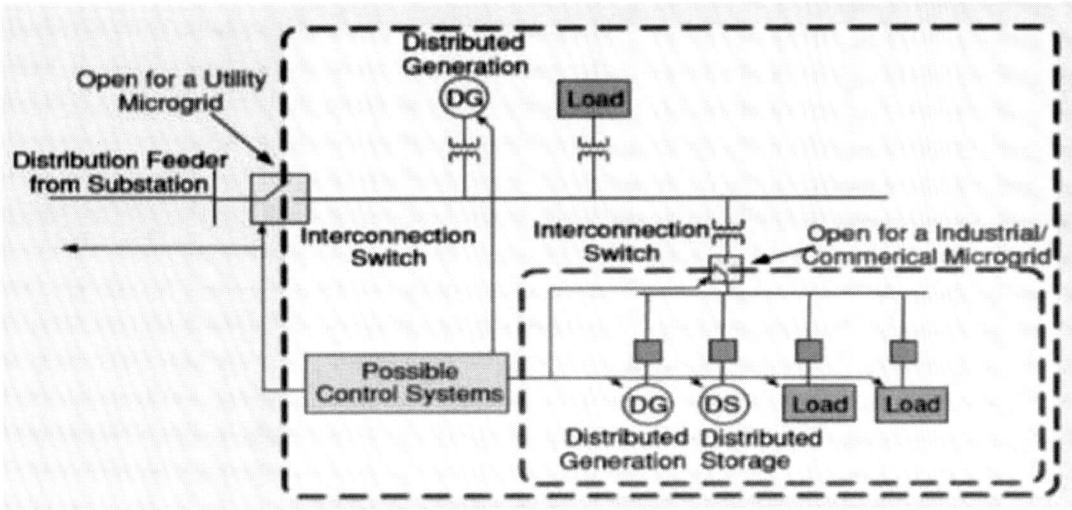

마이크로 그리드 구성 및 요소기기
출처 : F&S, 'Global MGs and VPP Market'(2015)

마이크로 그리드는 내부 발전원으로써 소규모의 신재생에너지 전원과 가스 기반의 소형 열병합발전을 설치해 열과 전기를 동시에 수용가에 공급할 수 있으며, 에너지저장장치를 통해 경제적인 에너지 사용이 가능하다. 또한 전력 계통 운영 측면에서 송·배전 손실 저감, 에너지 효율 향상 등의 이익을 제공할 수 있다.

하지만 아직까지 기술 발전의 미흡으로 인한 문제점 등 해결해야 할 부분이 많이 남아 있다. 특히 기술적인 측면에서 신재생에너지 전원의 간헐적 출력특성으로 인해 전력 품질 유지에 어려움이 따른다. 인버터 기반의 분산전원의 활용은 사고 전류의 감소로 인해 사고 시 기존의 인프라만으로는 보호 협조 대응이 어려운 실정이다. 또한, 에너지저장장치의 높은 초기 설비비는 설비 투자의 발목을 잡고 있으며, 현재의 전력 시장에서는 수익을 보기 어려운 구조를 취하고 있어 사업화에 큰 걸림돌로 작용하고 있다.

마이크로 그리드 시행 시에는 주변 환경에 맞는 분산자원을 선택해야 하며, 필요에 따라 설치된 발전원의 간헐성을 보완하기 위해 에너지저장장치 도입에 대한 고려도 필요하다. 필요로 하는 발전량, 허용되는 발전원의 간헐성 수준 등을 고려하여 유류, 가스, 열병합(CHP), 바이오 연료, 태양광 및 풍력 발전 등의 전원을 선택할 필요가 있다. 또한 공급 중요도에 따라 전력 공급 우선순위를 결정하고, 전기요금 설계 등의 다양한 방법을 통한 에너지 효율화 고려도 필요하다. [19)]

하지만 이를 개선하고자 현재 국내 및 선진국을 중심으로 기술 향상 및 실증 연구가 진행 중에 있으며, 다양한 형태의 비즈니스 모델이 개발되고 있다.

---

19) 한전경영연구원, 마이크로 그리드 도입시 구성요소별 추진전략, 2021.05.13.

Ⅲ. ESS(Energy Storage System)

1. 에너지 저장장치(ESS)의 개념

1) ESS란

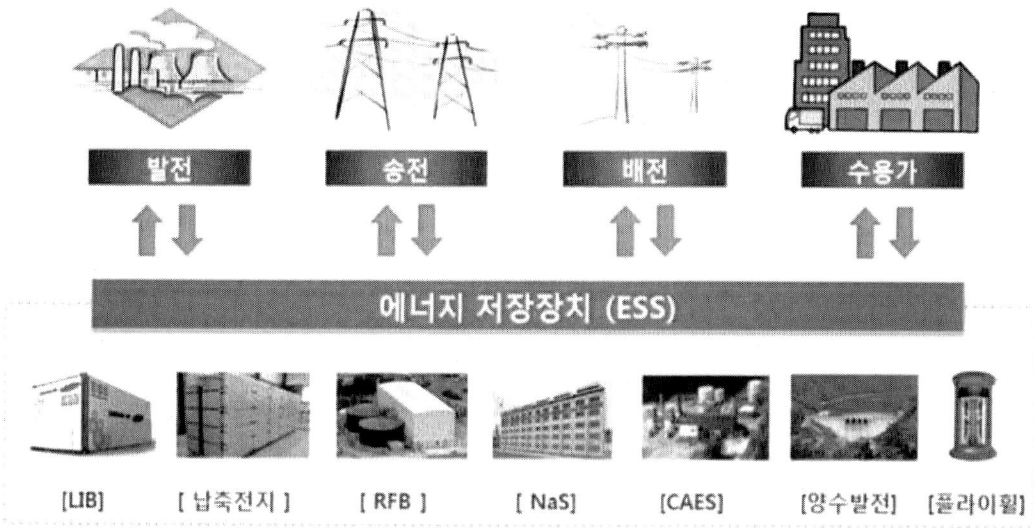

ESS 개념도
출처 : 한국에너지기술평가원

에너지저장장치(Energy Storage System, ESS)는 리튬전지와 같은 기존의 중소형 2차 전지를 대형화하거나 회전에너지, 압축공기 등 기타방식으로 대규모 전력을 저장하는 장치를 말한다.

즉 에너지저장장치는 생산된 전력을 전력계통(Grid)에 저장했다가 전력이 가장 필요한 시기에 공급하여 에너지 효율을 높이는 시스템으로, 에너지저장장치의 보급 확대는 전력부하이동과 새로운 전력서비스 시장을 창출할 것으로 기대된다.

ESS는 단순히 하나의 장치가 아닌 전체적인 시스템이다. 기본적으로 배터리, PCS, EMS, BMS로 구성된다. ESS는 크게 물리적 저장시스템(CAES, Flywheel 등)과 화학적 저장시스템(리튬배터리, NAS전지, Lead-Acid 등)으로 나눌 수 있다. 2000년대 이후 배터리 관련 기술이 비약적으로 발전하여 에너지 저장에 대한 수단으로 전력의 발전단부터, 송배전, 소비까지 다양하게 사용되고 있다.

모든 ESS의 시작은 바로 Peak Management에서 시작하는데, 부하관리의 기본 개념은 전력요금이 저렴한 시간(경부하)에 ESS에 전력을 저장하고, 전력요금이 높은 시간(최대부하)에 저장된 전력을 방전하는 것이다. 전력의 수요가 낮은 시간대에 저장하고, 전력의 수요가 높은 시간대에 방전하여 전력의 수요와 공급의 균형을 유지시켜 주는 것이다.

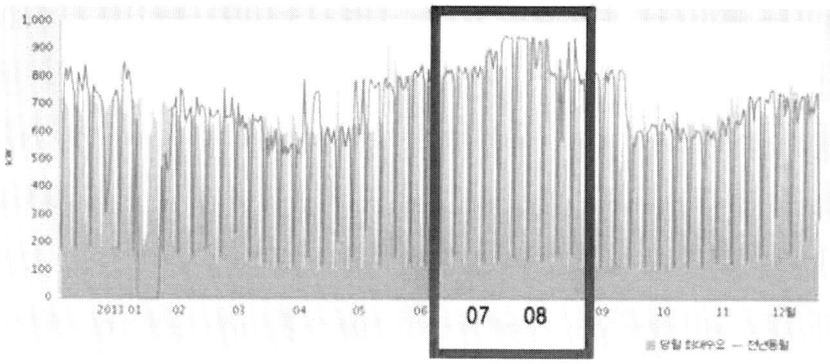

피크저감
이미지 출처: LG CNS

Peak Cut(피크저감)이란, 1년 중 가장 높은 Peak 시간대의 부하를 ESS 사용을 통해 기본요금을 낮추는 것인데, 7~8월 중 가장 높은 피크를 보이고 있을 때 이것을 절감하면 1년간 평균 전력기본요금이 낮아지게 되는 것이다.[20]

Peak Shifting(부하이동)은 다음 그림에서처럼 하루 중 전력요금이 가장 저렴할 때 배터리에 전력을 저장하고, 전력요금이 가장 높을 때 방전해서 시간대별 전력요금의 차이를 절약해 주는 것이다.

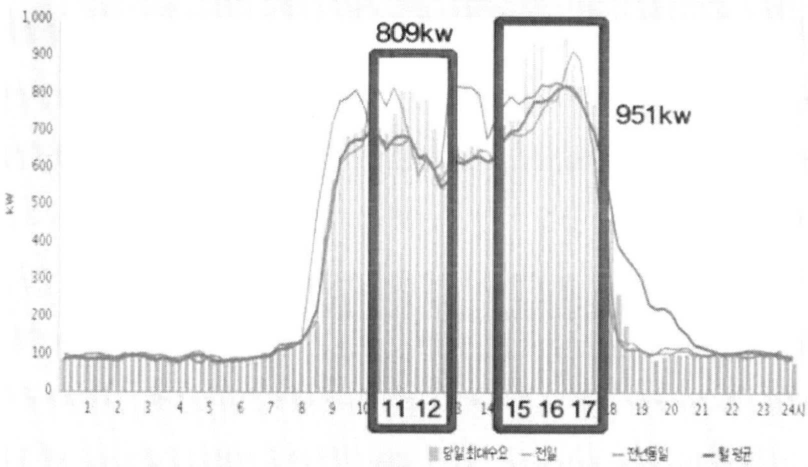

Peak Shifitng(부하이동)
이미지 출처: LG CNS

아직 ESS 시장은 본격 궤도에 올라있지는 않지만 앞으로 그 발전 가능성이 매우 무궁무진하다. 전력 불안정성을 극복하기 위한 최적의 대안으로 ESS의 사용량과 용도가 빠르게 발전할 것으로 예상된다.

20) LG CNS, 에너지 저장장치

2) ESS 필요성

ESS는 안정적이고 효율적인 에너지수급체계 구축에 효과적인 수단으로 막대한 시장 잠재력이 기대되며, 새로운 성장 동력으로 국내외에서 주목받고 있다. 이미 주요 선진국은 에너지저장시스템의 확대를 위해 기술개발 지원과 함께 정부 예산으로 에너지저장시스템 실증사업을 추진하고 보조금 지급, 세금 감면 및 의무화 등을 실시하고 있다. 기업도 구체적인 성과가 예상되는 에너지저장시스템 시장에 적극적인 관심을 보이고 있다.

에너지원 중 전기는 편리성으로 생산 활동 및 일상생활에서 가장 광범위하게 사용되고 있다. 그러나 생산과 소비가 동시에 균형을 맞추어야 하는 특성으로 인해 시시각각 변화에 대응하기 위한 신속한 출력조정 속도가 필요하고, 생산단가가 높은 발전원 가동과 예비용량을 갖추어야 하는 단점을 가지고 있다. 그럼에도 불구하고 전력수요는 사용의 편리성으로 인하여 향후에도 꾸준히 증가될 것으로 전망되며 발전용량 확대가 불가피한 상황이다.

에너지 저장장치는 최근 대용량 리튬 전지의 가격하락과 시스템 정보의 집계와 운영을 효율적으로 통합하는 ICT 플랫폼의 개발로 운용 효율 증대와 즉각적인 에너지 수급 기능을 확보하였으며, 이에 에너지 소매시장(wholesale market)을 통한 독립적인 비즈니스의 가능성을 열게 되었다.

발전소에 사용되는 에너지 저장장치는 송전, 변전, 배전 등의 여러 분야에서 사용되고 있다. 특히 신재생에너지 발전에서 불균일하게 생산되는 전력을 계통에 연결할 경우 발생하는 전력의 질 저하를 막고 안정되고 고품질의 전력 공급을 유지하기 위해 사용된다. 또 한가지 중요한 용도로는 전력 사고에 대비하기 위한 비상 전력(UPS) 기능이다. 에너지 저장장치의 고유 기능을 유용성 측면에서 살펴보면 아래와 같이 정리할 수 있다.

- 신속한 응답 가능성: 그리드(grid)의 수요, 주파수 변동, 그리고 가격변동 시그널에 밀리 초 단위까지 신속하게 응답할 수 있는 기능을 가지고 있어 주파수 응답과 전압 보정과 같은 네트워크 보조가 가능하다.
- 비축 기능: 에너지를 저장하여 필요할 때 사용할 수 있으며, 대체에너지원으로 사용하기 위한 간단한 백업 기능부터 대규모 용량 비축 및 단기 비축 운영 등 다양한 활용이 가능하다.
- 계통한계가격(SMP, System Marginal Price) 변동에 따른 에너지 비축 및 방출 시간 조정 기능: 에너지 수요가 적고 전력 단가가 낮은 시간대에 비축하여 에너지 수요가 높고 가격이 높은 시간내에 방출함으로써 그리드의 수급불균형을 조정하고 전력 전송 및 분배 비용을 절감할 수 있다.[21]

---

[21] KIAT Europe 주간브리프, 유럽의 대용량 에너지 저장장치 기술 및 시장 동향 , 2020.08.03.

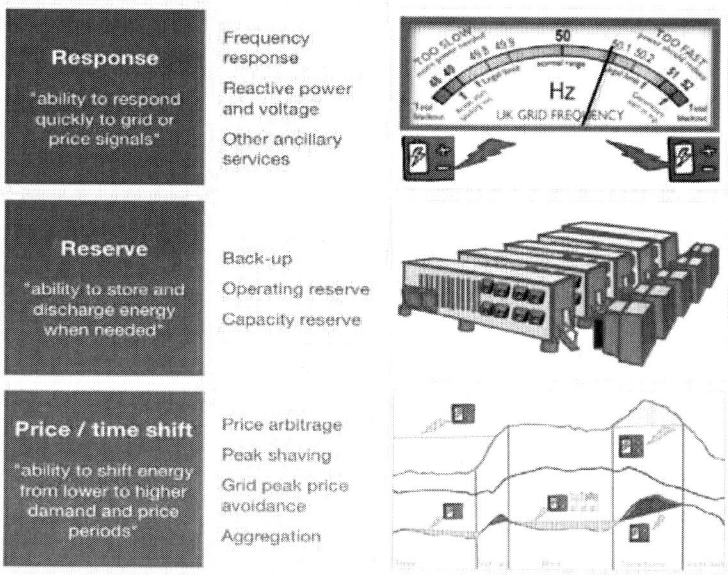

에너지 저장장치의 역할과 기능
이미지 출처: KIAT Europe 주간브리프

ESS의 필요성은 결국 환경적인 요인과 결부된다. 전 세계적으로 탄소중립 달성을 위해 태양광이나 풍력 등 신재생에너지 비율을 점차 늘려가고 있다. 이러한 과정에 꼭 필요한 것 중 하나가 바로 ESS인 것이다.

태양광이나 풍력발전은 날씨 등 여러요인에 따라 전력의 생산량과 품질이 요동칠 수밖에 없는 구조다. 즉 간헐성이 높다는 것인데 외부요건에 따라 바뀌는 단점을 보완해주고 저장된 전력을 활용해 전기를 아낄 수 있고 심지어 요즘 주목받는 수소를 생산하기 위한 수전해 투입까지도 가능한 탄소중립의 핵심이라고 할 수 있다. 탄소중립의 발판인 재생에너지를 늘려나가는 과정에서 ESS의 역할이 매우 중요하다.

ESS는 새로운 경제 가치 창출에도 반드시 필요한 기술이다. ESS는 신재생에너지 분야에 필수 기술로 여겨지면서 산업 경제의 새로운 먹거리로 부각되었다. 4차 산업혁명 시대와 정부의 에너지전환 및 탄소중립 정책에 완벽하게 부합하는 아이템으로 꼽힌다. 향후 신재생에너지와 시너지를 일으켜 고부가가치 일자리 창출과 국가경제 기여에 큰 역할을 할 것으로 전망된다.[22]

우리 정부는 2030년까지 재생에너지를 총 소비 전기의 20%까지 공급하는 '재생에너지 3020 정책'을 내세우고 있고, 2050년에는 100%를 달성한다는 목표를 세웠다. 이러한 입장은 전 세계가 갇은 방향으로 움직이고 있다. 따라서 ESS의 필요성은 경제분야에서도 확인할 수 있다.

22) 에너지신문, 성장통 겪는 ESS 산업, 해법을 찾아라, 2021.01.06.

3) ESS 이용 분야

ESS는 범주상 한국표준산업분류 전기장비 제조업(C28)에 속하며 에너지 저장장치 제조업(C28114) 품목에 해당한다. ESS는 전력계통에서 다양하게 사용되고 있고, 크게 ①전기를 생산하는 발전, ②발전된 전기를 전달하는 송배전, ③그 전기를 사용하게 되는 수용가로 나뉜다. 발전 부분에서 ESS는 전력 수요가 없을 때 전력을 저장해 두었다가 피크시에 공급함으로써 전력의 부담을 더는 용도로 필요하다. 송배전 영역에서는 생산된 전력의 출력이 불안정하게 되는 경우 주파수 안정용으로 사용되고, 수용가 영역에서는 피크전력을 낮추어 요금을 절감하거나 남는 전력을 판매하는 용도로 사용한다.[23)]

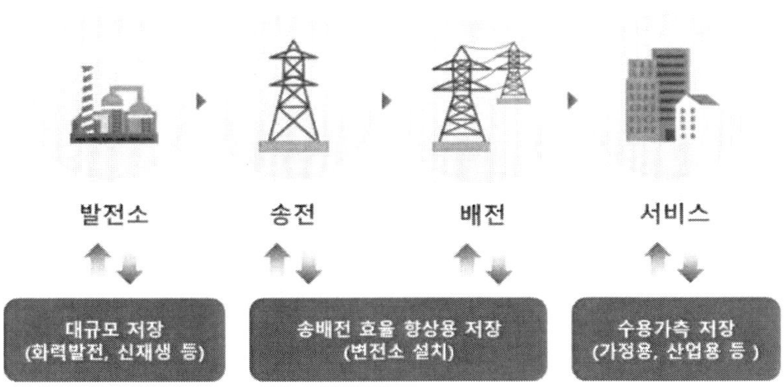

전력계통 내 ESS 적용 범위
이미지 출처: NICE평가정보 '에너지저장장치'

신재생에너지 연계 ESS는 태양광, 풍력과 같이 발전량이 일정하지 않은 신재생에너지를 저장하여 태양이 비치지 않거나 바람이 불지 않을 때에도 신재생에너지를 주요 전력원으로 사용할 수 있게 해준다. 또한 간헐적인 신재생에너지 비중이 늘어날수록 전력망의 불안정성이 심화되고 전력 품질이 떨어지게 되는데 ESS가 이러한 부작용을 완화시켜 줄 수 있다.

부하 이동이란 전기 요금이 쌀 때 충전하고 비쌀 때 방전하여 비용을 절감하는 것이다. 수요에 따라 전력의 공급량을 조절할 수 있기 때문에 발전에 필요한 예비 전력을 줄일 수 있다. 전력은 통상 저장이 어렵기 때문에 최대 수요에 맞춰서 설비를 확보하게 되는데, ESS를 통해 최대 수요를 낮추게 되면 발전소와 송배전 설비를 추가로 지어야 하는 부담이 줄어들 수 있다.

주파수 조정(Frequency Regulation)은 전력 계통에서 전력의 수요와 공급이 불일치할 때 전력의 주파수가 불안정해지는데 이를 기준 주파수인 60Hz로 유지해 전력의 품질을 유지시키는 것이다. 통상 석탄 등 화력 발전이 용량의 5%를 발전하지 않고 남겨두어

23) 한국IR협의회, 에너지저장장치, 2020.07.09.

(cutback) 주파수 조정이 필요할 때 사용한다. 이를 ESS로 대체할 경우 석탄 발전에 지급하는 예비력 비용이 절감되고 대신 사용하는 LNG 발전의 변동비도 절감될 수 있다. 리튬이온전지 등을 활용한 ESS는 화력발전대비 증감발률(Ramp rate)이 우수해 감발 운전 없이도 신속한 추종이 가능하다.[24]

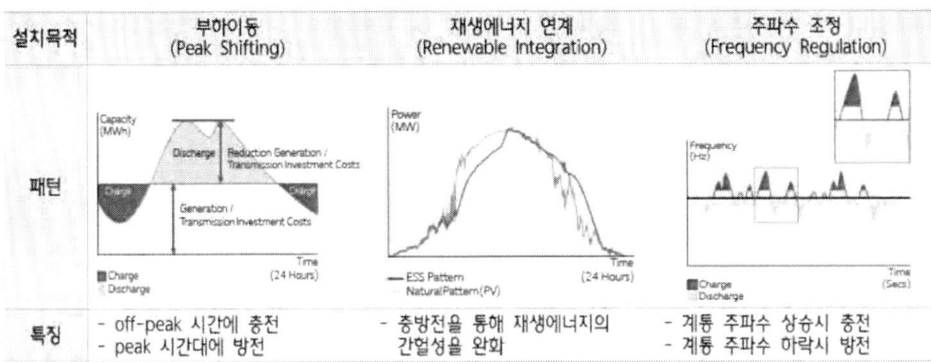

주요 ESS 이용 분야

이미지 출처: 미래에셋대우 Industry report

국내 에너지 저장 시스템(Energy Storage System, ESS) 활용은 크게 발전자원, 송배전망 보조, 신재생에너지 발전 보조, 수요자원으로 분류된다. 발전자원은 주로 계통한계가격(System Marginal Price, SMP)이 낮을 때 여유 전력을 저장하고 SMP가 높을 때 저장한 전력을 방전하여 전력 판매수익을 증대하는 SMP 차익거래에 활용한다. 송전용은 주파수 조정 및 송전혼잡을 완화하는 기능을 수행하며, 변전용은 강압변압기가 전 출력으로 운전할 때는 전기를 저장하고 변압기 용량을 초과하는 전력이 요구될 때는 전기를 공급함으로써 안정적으로 전력을 공급하는 역할을 한다. 신재생에너지 발전용의 경우 간헐적인 출력 변동을 완화하는 데 활용된다. 수요자원은 비상발전과 시간대별 전기요금에 대응하여 요금을 절감하는 데 활용된다.[25]

최고 수요 시기의 높은 발전 비용 해결과 지속적이고 유연한 전기 공급을 위한 연구가 진행되고 있으며 전력망 내 정체 해결, 도서·벽지의 전력문제 해결을 위한 제어장치에 대한 연구가 이루어지고 있다. 최근에는 고에너지 밀도와 저가격화, 소형화 등으로 차별성 향상에 초점을 맞춰 연구가 진행 중이다.

4) ESS 산업 주체

ESS 생태계는 ESS를 구성하는 부분과 ESS를 활용하는 부분으로 이루어진다. ESS는 하드웨어를 구성하는 컴포넌트 관련 플레이어와 소프트웨어 관련 플레이어로 구분되어 진

24) 미래에셋대우, [배터리] ESS (비중확대/Maintain) 녹색 혁명의 열쇠, 2020.09.02.

25) 한국남부발전 KOSPO 매거진, 에너지 저장 시스템(ESS)의 필요성 및 정책적 시사점

다. 하드웨어 부분은 전기를 보관하는 장소인 배터리 제조업체와 전기의 충전 및 방전을 제어하는 PCS(Power Conversion System) 제조업체, ESS와 EMS(Energy Management System)간의 연결을 담당하는 PMS(Power Management System) 제조업체로 구성되어 있다. 배터리를 관리하는 BMS(Battery Management System)는 SI(System Integrator) 업체가 개발, 제조하여 연결할 수도 있지만 배터리에 대한 이해가 선행되어야 하고, 배터리에서 문제가 발생할 경우 책임을 논하기 어려워지기 때문에 배터리 업체들이 BMS까지 공급하는 것이 대체적인 경향이다. 배터리는 양극재, 음극재, 분리막, 전해질 등 4대 재료가 중심이 되는 전극재료와 포장 및 도선 재료, 안전회로 구성 재료 등으로 이루어진다. 반면 소프트웨어 부분은 ESS 컴포넌트를 가지고 조립하는 SI 업체, 프로젝트를 기획하는 디벨로퍼 및 엔지니어링, 조달과 건설을 담당하는 EPC(Engineering Procurement Construction) 업체, 구축된 ESS를 운영하는 O&M(Operation and Maintenance) 업체로 구성된다.

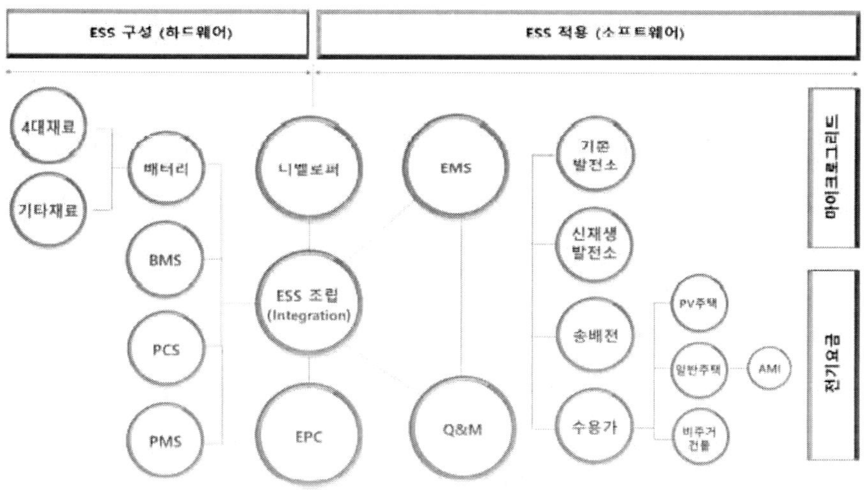

ESS 산업 생태계
이미지 출처: 한국IR협의회 '에너지저장장치' 보고서

또한, ESS 산업은 구체적인 제품을 생산하는 컴포넌트 업체와 엔지니어링 등의 기능을 담당하는 업체로 구분할 수 있다. ESS 설치와 관련된 사업의 기능들을 담당하는 플레이어군이 있으며, 이들의 경우 ESS 관련 서비스 기술력을 지니고 있으면 누구나 가능하므로 컴포넌트 업체 및 SI 업체, 유틸리티 업체 등으로 구성된다. ESS 설치 관련된 기능으로는 SI, 디벨로핑, O&M, EPC 등이 있고 배터리 및 PCS 업체가 이 기능을 수행할 수 있는 경우 해당 사업을 영위하게 된다. SI 업체는 프로젝트 구성에 적합한 배터리, PCS 등을 조달 받아 ESS를 제작하는 역할을 수행한다. 디벨로퍼는 ESS 설치가 적합한 시장을 발굴하여 기술적인 검토와 함께 적합한 ESS에 대한 엔지니어링을 실시하여 프로젝트의 타당성을 검토하고, 프로젝트 진행을 위한 금융 조달 활동을 수행한다.[26]

[26] 한국IR협의회, 에너지저장장치, 2020.07.09.

2. 에너지 저장장치(ESS) 기술 및 특징

1) 기술 별 종류

생산에너지를 기준으로 전기저장 시스템과 열저장 시스템으로 분류되고 화학적(배터리, 전지)방식, 열화학적(압력, 열)방식, 전자기적(슈퍼커패시터, SMES(Superconducting Magnetic Energy Storage System)방식, 물리적(중력, 운동에너지)방식으로 분류된다.

구체적으로는 에너지 저장장치의 종류로는 에너지를 저장하는 방식에 따라서 분류되며 양수 발전, 압축 공기 저장 장치, 플라이휠(Flywheels) 등을 이용하는 물리적 저장과 리튬 이온 전지, 납축전지, 흐름 전지 등의 전기 화학적 저장 그리고 수소연료와 합성 천연가스를 사용하는 화학적 저장 방식이 주로 연구되거나 사용되고 있다. 그 외에도 열 시스템과 초고용량 커패시터 같은 전기적 저장 방식이 있다.

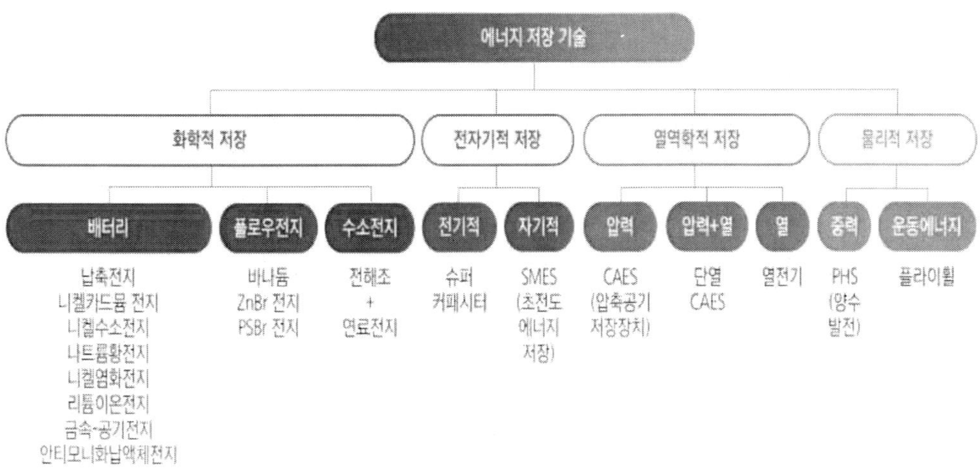

에너지 저장장치의 종류
이미지 출처: 삼성증권 글로벌 에너지 플랫폼 ESS

화학적 배터리 방식은 화학 반응을 통한 배터리 저장 기술로 리튬이온 전지인 LIB(Lithium-ion Battery), 나트륨황 전지인 NaS, 레독스 흐름 전지인 RFB(Redox-Flow Battery)가 대표적이다. 전극을 이용한 전자기적 배터리 방식으로는 대표적으로 Super Capacity가 있다.

기계적 비배터리 방식의 경우 물리적인 형태로 에너지를 저장하기 때문에 환경 파괴 가능성이 높고, 중장기적 활용이 제한적이다. 대표적으로는 압축 공기 저장 기술인 CAES (Compressed Air Energy Storage), 플라이휠로 알려진 FES(Flywheel Energy Storage), 양수 발전을 활용한 PHS(Pumped Hydroelectric Storage) 등이 있다.

건전지처럼 재사용이 불가능한 배터리는 1차 전지, 납축전지처럼 충전을 통해 재사용이 가능한 배터리는 2차 전지로 구분된다.

주요 전기 저장 기술의 종류 및 특징

저장방식		저장기술	작동 원리 및 특징
배터리	화학적	리튬이온 전지	원리 : 리튬 이온이 양극과 음극을 오가며 전위차 발생 장점 : 높은 에너지밀도, 높은 에너지 효율 단점 : 높은 비용, 안정성 및 수명 미검증
		나트륨황 전지	원리 : 300~350℃의 온도에서 용융상태의 나트륨 이온이 전해질을 이동하면서 전위차 발생 장점 : 낮은 비용, 높은 에너지 밀도, 대용량화 용이 단점 : 고온 시스템 필요, 낮은 에너지효율
		레독스 흐름 전지	원리 : 전해액 내 이온들의 산화 환원 전위차를 이용하여 전기에너지를 충전 및 방전하여 이용 장점 : 낮은 비용, 대용량화 용이, 장시간 사용 가능 단점 : 낮은 에너지밀도, 낮은 에너지 효율
		납축 전지	원리 : 전기에너지를 납 이온을 이용한 화학에너지로 변환 저장 후, 필요 시 전기로 변환 장점 : 낮은 비용, 안정성 및 신뢰성 검증 단점 : 낮은 에너지 밀도
	전자기적	슈퍼 커패시터	원리 : 소재의 결정구조 내에 저장되는 전지와 달리, 소재의 표면에 대전되는 형태로 전력을 저장 장점 : 높은 출력밀도, 긴 수명, 안정성 단점 : 높은 비용, 낮은 에너지밀도
비배터리	기계적	압축공기저장 시스템	원리 : 공기를 동굴이나 지하에 압축 저장 후, 필요 시 압축된 공기를 가열하여 전기 생산 장점 : 낮은 발전단가, 대용량화 용이 단점 : 높은 초기 비용, 낮은 에너지효율, 입지 제약
		플라이휠	원리 : 전기에너지를 운동에너지로 변환 저장 후, 다시 전기에너지로 변환하여 사용 장점 : 높은 에너지효율, 긴 수명, 급속 저장 단점 : 높은 초기 비용, 낮은 에너지밀도
		양수발전	원리 : 전기에너지를 위치에너지로 변환 저장 후, 필요 시 전기로 변환 장점 : 낮은 발전단가, 대용량화 용이 단점 : 환경 파괴, 낮은 에너지 효율, 입지 제약

이 중 최근에 가장 주목받고 있는 방식은 리튬 이온 전지를 이용한 에너지 저장장치로, 전력 변환 효율이 약 95%까지 개선되었으며, 분 단위의 단주기 방전부터 수 시간의 장주기발전까지 가능하다. 또한, 저장용량 대비 시스템 단가의 하락으로 경제성 측면에서도 경쟁력을 가지게 되었으며, 밀리 초 단위의 즉각적인 대응이 가능해 SMP 가격변동에 따른 수익시장과 전압 주파주 밸런스 시장 진입이 용이해지고 있다.[27)]

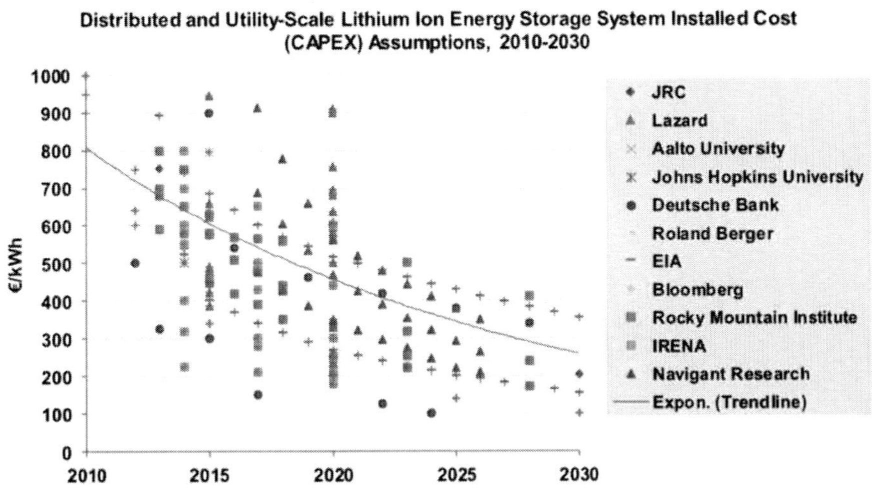

리튬이온전지의 가격 변화 전망
이미지 출처: KIAT Europe 주간브리프

리튬이온전지는 양극과 음극 사이에 전해질을 넣어 충전 및 방전을 반복하게 하는 원리를 사용한 2차 전지이다. 용도에 따라 원통형, 각형, 폴리머 등 다양한 형태로 생산 가능하다. 리튬이온전지는 점차 작아지고 가벼워지는 전자 기기에 대응할 최적의 배터리로 꼽힌다. 현재 전세계 ESS 시장의 주류는 1990년대 초반 상용화된 리튬이온 배터리다. 리튬전지는 저장한 전기의 90% 가량을 쓸 수 있고 전기차·스마트폰 배터리처럼 작은 크기로 제작할 수 있어 30년 가까이 시장을 주도해왔다. 하지만 열이나 충격을 받으면 폭발할 위험이 크다. 최근 발생한 스마트폰·노트북·전기차 발화 사건이 모두 리튬 이온 배터리에서 발생하여 업계에서는 위험성을 줄이기 위한 연구가 이어지고 있다.

2) 활용 분야 구분

ESS는 크게 발전분야, 송/배전분야, 수용가분야로 분류되며 역할 및 요구조건에 따라 신재생 운영보조, 예비력 제공, 주파수 조정, 부하 평준화, 전력설비 신증설 대체, 비상용 전원(UPS, Un-interrupted Power System), E(Energy)-프로슈머로 재분류 된다. 발전 및 송/배선분야를 FTM(in Front of The Meter) ESS 시장으로, 수용가 분야를 BTM(Behind The Meter) ESS 시장으로 정의한다.[28)]

27) KIAT Europe 주간브리프, 유럽의 대용량 에너지 저장장치 기술 및 시장 동향 , 2020.08.03.

분류	주요 내용
신재생 운영보조	◇ 신재생 발전의 불규칙한 출력변동성 완화 ◇ 신재생에너지 저장 후 필요한 시간에 활용
예비력 제공	◇ 계통사고, 수요변동 등에 대응하기 위한 예비용 공급자원 제공
주파수 조정	◇ 전력계통의 순간적 수급균형과 전력품질 유지 및 관리
부하 평준화	◇ 계통부하 평준화 및 최대부하 감소(경부하시간 충전, 피크시간 방전)
전력설비 신증설 대체	◇ 특정지역, 시간에 집중된 부하를 분산시켜 설비 신증설 투자절감
비상용 전원(UPS)	◇ 병원, 웹서버 등 특수시설의 갑작스런 정전사고 대응
E-프로슈머	◇ 가정/빌딩의 전력 최적소비를 유도

ESS 전력계통 주요 활용분야
이미지 출처: 한국IR협의회 에너지저장장치

3. 구성 요소

ESS는 에너지 저장을 위한 배터리(Battery), 배터리 관리 시스템(BMS), 전력변환 시스템(PCS), 에너지 관리 시스템(EMS) 등으로 구성된다. BMS는 배터리를 모니터링하고 충·방전을 제어하고 PCS는 교류(AC)와 직류(DC)를 변환하며 전력 품질을 제어한다. EMS는 통합 감시/제어 시스템으로서 ESS 운영을 제어하고, BMS 및 PCS에 제어에 관한 정보를 전달하며 비용 절감 등 운전 효과를 분석한다.

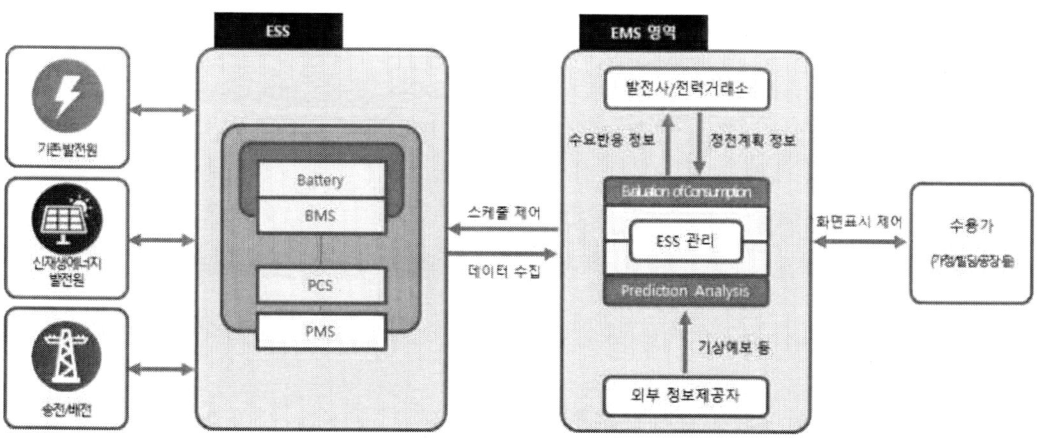

ESS의 구성
이미지 출처: 아이앤아이알앤씨

28) 한국IR협의회, 에너지저장장치, 2020.07.09.

1) 배터리(Battery)

전력을 저장하는 저장 장치의 핵심이다. 배터리 셀(Cell)은 양극, 음극, 전해질, 그리고 분리 막으로 구성된다. 셀마다 가진 특성이 달라 단위를 쪼개 단계별로 묶는다. 먼저 셀을 한데 모다 모듈을 형성한 뒤, 여러 모듈을 합쳐 더 큰 단위의 Rack을 만든다. 다시 여러 Rack을 모으면 최종적으로 시스템이 형성된다.

기존 ESS에는 리튬이온배터리나 납축전지가 주로 사용되었다. 리튬이온배터리는 스마트폰, 손목시계, 노트북 등의 소형 전자제품부터 전기차와 ESS 등 대용량 전력 저장 장치까지 광범위하게 활용되고 있다.

이렇게 다양한 장점에도 불구하고 리튬이온 배터리가 가지는 치명적인 한계가 있는데, 바로 화재 가능성이다. 액체 전해질을 통해 리튬이온을 전달시켜 전류를 발생시키는데 충,방전 과정에서 액체전해질이 분해되어 가스 등 부산물이 발생할 수 있다. 그렇게 되면 배터리 내부 압력이 높아지게 되고 폭발이나 발화로 이어질 수 있다. 또한 양극과 음극이 섞이지 않도록 해주는 분리막이 제 역할을 하지 못할 때도 화재로 이어질 가능성이 있다. 이러한 한계를 극복하기 위해 많은 연구가 진행되고 있지만 최근에는 ESS에 사용되는 배터리 자체를 다른 종류로 대체하는 방안에 힘이 실리고 있다.[29]

리튬이온 배터리를 대체할 새로운 종류의 배터리 중에서 최근 주목받고 있는 것은 바로 바나듐 레독스 흐름 전지(VRFB, Vanadium Redox Flow Battery)이다. 흐름 전지는 리튬이온 전지와 마찬가지로 충방전이 가능한 2차전지이다.

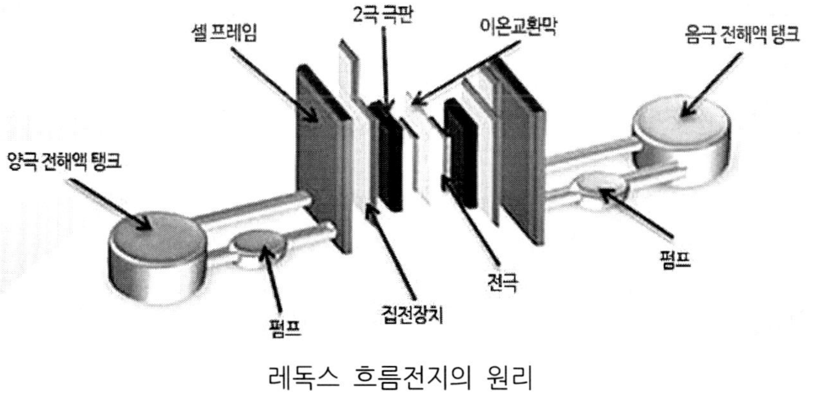

레독스 흐름전지의 원리
이미지 출처 : 한국에너지신문

에너지가 저장되는 전해질이 배터리 내 저장탱크에 보관되고, 전기 파워의 출력을 담당하는 스택(Stack)으로 이동, 순환하며 산화/환원 반응이 일어나게 된다. 두 개의 저장탱

29) 에너지설비관리, ESS, 나를 잊었나요? 앞으로 우리가 나아가야 할 방향, 2021.08.31.

크에 전해질을 나누어 저장하고 각각의 전해질에는 서로 다른 금속 이온이 녹아있다. 흐름전지는 전해질의 종류에 따라 분류할 수 있는데, 산화수가 서로 다른 두 바나듐 이온을 이용한 것이 바나듐 레독스 흐름 전지이다. VRFB의 장점은 리튬이온전지와 비교해서 인체 유해성, 인화성, 화학 반응성의 위험도가 낮아 안정성이 높다는 것이다.

리튬이온전지와 달리 전해질로 물을 이용한 수계 전해액을 사용하기에 화재 및 폭발의 위험이 없다. 또한 배터리 수명도 리튬이온전지보다 2배가 가량 길고 에너지 저장부인 저장탱크를 따로 설계하여 용량 설계를 유연하게 할 수 있다. 즉, 저장탱크에 전해액을 추가하기만 하면 저장용량이 증가하므로 대용량화가 비교적 용이한 것이다. 이런 특징으로 인해 VRFB는 리튬이온 배터리로 인해 발생되는 ESS의 여러 문제를 개선할 수 있을 것으로 기대된다. 다만 리튬이온 전지보다 에너지 밀도가 낮은 것과 바나듐 전해액의 가격이 다소 비싸다는 단점이 있기에 이를 극복하기 위해 많은 연구가 진행되고 있다.

(1) 이차전지

이차전지는 화학에너지와 전기에너지의 가역적 상호변환을 이용해 충전과 방전을 반복할 수 있는 화학전지이다. 고성능 이차전지에는 Ni-MH 이차전지와 리튬 이차전지가 있으며, 리튬 이차전지에는 리튬 금속 이차전지, 리튬 이온 이차전지(각형, 원통형, 파우치형), 리튬 이온 폴리머 이차전지, 리튬 폴리머 이차전지 등이 있다.[30]

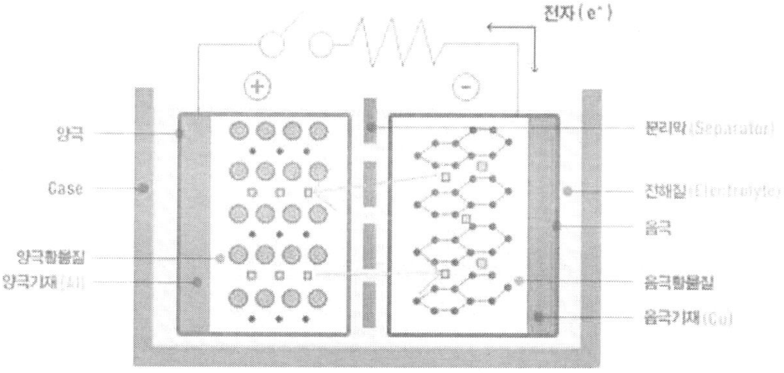

2차 전지
이미지 출처: GS칼텍스 미디어허브

배터리는 일차전지와 이차전지로 나누어진다. 일차전지는 한번만 사용하는 전지로 수은(현재는 생산중단, 공해문제,) 망간, 알카라인 리튬전지가 있다. 망간건진지와 알카라인 전지는 사용하는 전해액에 차이가 있으며, 망간 건전지는 주로 전류소모가 적으며 단시간 사용하는 곳에 적합하고 주로 리모콘, 시계, 인터폰 등에 사용된다. 이는 알카라인 전지보다 안정성에 있어 더 뛰어나다고 할 수 있다.

30) ITFIND, 리튬이온 2차전지 개요

알카라인 전지는 전류소모가 많은 미니카, 게임기, 카메라, 전기모터 등에 사용되기에 적합하며 망간전지보다 안정성은 낮다. 즉, 망간 소재의 전지는 가늘고 길게 사용하는 기기에 적합하고, 알카라인은 굵고 짧게 사용하는 기기에 적합 하다고 할 수 있다.

한편, 이차전지는 전기화학반응을 이용해 충전과 방전을 연속적으로 반복함으로써 반영구적으로 사용할 수 있는 화학전지로서 납축전지, 리튬계 이차전지, 니켈- 카드뮴 이차전지, 니켈- 수소 이차전지가 있다. 즉 2차 전지는 1차 전지와 다르게 충전하여 다시 재사용 할 수 있다. 대표적으로 리튬이온, 리튬폴리머, 니켈카드전지, 니켈수소전지 등이 있다.

이차전지도 배터리 종류마다 각각의 장단점이 존재한다. 리튬배터리의 경우엔 에너지밀도가 상대적으로 높기 때문에 적은 무게로 많은 용량의 전지를 만들 수 있다. 자연 방전률도 낮으며, 메모리 효과가 없어 사용하기 편리하다. 단점은 다른 전지에 비해 폭발률이 높으며 환경에 아주 민감하다. 셀당 3.7V 전압이며 2.8V~4.2V 초과, 미만이 될 경우 배터리의 심각한 손상을 입히게 되며, 스웰링 현상, 폭발 현상이 일어날 수 있다. 니켈수소전지의 경우엔 에너지밀도가 2차전지중 가장 뛰어나며 과방전, 과충전에 잘 견디며 급속 충·방전에 강하다. 또한 충·방전 사이클도 500회 이상으로 수명이 상당히 길다. 다만 단점으로는 비용이 많이 든다고 할 수 있다.

니켈카드뮴전지의 장점은 고방전율, 저온, 과방전, 과충전 등 열악한 환경에도 견디는 내구성이 좋으며, 내부 저항이 적다고 할 수 있다. 다만 단점으로는 메모리 효과가 있어 관리가 힘들며 수명이 상대적으로 짧다.

이차전지의 구조를 흔히 전지 셀이라고 하는데 전지 셀은 집전체라는 극판 상에 양극활물질 또는 음극활물질이 도포된 양극과 음극 사이에 분리막이 삽입된 것을 말하며 이차전지는 전지 셀에 전해액을 주입하여 사용되고 있다. 리튬이온전지에서의 분리 막은 전자전도를 차단하고, 리튬이온을 전도할 수 있는 분리 막으로 구성된다.

제품군에 따른 적용 용이성이 높고, 높은 에너지 밀도 등의 전기적 특성을 가지는 이차전지는 휴대용 기기뿐만 아니라 전기적 구동원에 의하여 구동하는 전기차량(EV, Electric Vehicle) 또는 하이브리드 차량(HEV, Hybrid Electric Vehicle) 등에 보편적으로 응용되고 있다.

이러한 이차전지는 화석 연료의 사용을 획기적으로 감소시킬 수 있다는 일차적인 장점뿐만 아니라 에너지의 사용에 따른 부산물이 전혀 발생되지 않는다는 점에서 친환경 및 에너지 효율성 제고를 위한 새로운 에너지원으로 주목 받고 있다.[31]

---

31) 키움증권 리서치센터 산업분석, 차세대 배터리 - 미래를 담을 기술, 2019.04.22.

1차 전지와 2차 전지

이미지 출처: LG 공식 블로그

이차전지는 전기차는 물론 휴대전화, 노트북, PDA 등과 같은 이동성이 간편한 IT 제품의 보급이 확대되면서 리튬 계 이차전지를 중심으로 소형 이차전지의 수요가 전 세계적으로 급증하고 있으며, 소형 이차전지는 그중에서도 IT 기기의 소형화, 경량화, 고성능화 요구에 따라 리튬이차전지가 시장을 주도하고 있다.

Doping형 Carbon계/ Carbon계 Accumulator 및 Zn/Air 이차전지와 같은 미래형 전지는 현재로는 경제성이 낮지만 원천기술 확보 등 기술개발 선점의 중요성이 대두되고 있다. 또한 환경 및 에너지 문제의 해결방안의 하나로 전기자동차의 실현과 심야 유휴 전력의 효율적 활용을 위한 대형 이차전지의 개발이 심각히 대두되고 있다.

(2) 리튬이온배터리

요즘 사용되고 있는 이차전지의 핵심이 되는 물질은 '리튬'이라는 물질이다. 그래서 리튬이온배터리(Li-ion battery)가 많이 언급되고 있다. 리튬은 원자번호가 3번으로, 원자번호는 지구상에 존재하는 물질을 원자의 무게 순으로 나열해 놓은 것인데 3번이라는 건 1번인 수소, 2번인 헬륨 다음으로 가볍고 작은 물질이라는 뜻이다. 작고 가볍기 때문에 움직이기도 쉽고 구멍 같은걸 통과하기도 쉬워서 사용되고 있다.

리튬이온배터리는 리튬이온이 양극, 음극 사이를 이동하며 전기를 생산해 충·방전이 가능한 이차전지로 주로 휴대폰 등 모바일 IT 기기의 전원으로 사용되고 있지만 대용량화 기술이 발전함에 따라 자동차 및 에너지 저장 등의 용도로 사용이 확대되는 추세이다.

리튬 이차전지는 충전지 리튬이온을 제공하는 양극(Cathode), 리튬이온을 저장하는 음극(anode), 양극과 음극에서 발생한 전자가 외부회로를 통해 일을 할 수 있도록 내부단락을 방지하는 분리막, 리튬이온이 이동할 수 있는 공간과 환경을 제공하는 전해액으로

구성된다. 리튬 이차전지는 양극재, 음극재, 전해질 및 분리막을 조립하여 만들어지며, 상기 4대 소재가 전체 생산원가의 50%를 차지하고 있다.

이차전지의 원리를 간단하게 살펴보면, 이차전지가 충전되는 동안에는 양극에 있는 리튬이 음극으로 이동하게 된다. 이는 자연적으로 일어나는 일이 아니라서 콘센트에 꼽아줘야 충전이 된다. 그 후 코드를 뽑고 전지를 사용하면 음극에 있던 리튬이 다시 양극 쪽으로 이동하면서 휴대폰이나 노트북 같은 것들이 동작하게 된다.

종래의 친환경자동차에 사용되던 니켈수소 배터리는 화학적으로 안정되어 있어 과충·방전이나 셀들 간의 전압 불균형에도 사용이 용이하다는 장점이 있었다. 리튬이온 배터리에 비해 셀 당 기전력과 에너지 밀도가 약하고 자기 방전율이 최대 30%이상 되는 단점이 있었음에도 불구하고 이런 이유로 하이브리드자동차 초창기에 차량용 배터리로 각광을 받았다.

하지만, 높은 전기적 에너지를 필요로 하는 플러그인 하이브리드자동차, 전기자동차로 시장이 조기 확대 될 것이라는 전망이 대두되면서, 가격이 비싸고 열 특성도 비선형적이며 충·방전 시 위험한 상태에 쉽게 노출될 수 있다는 단점을 가지고 있는 리튬이온 배터리가 니켈수소 배터리에 비해 상대적으로 높은 에너지 밀도, 높은 기전력, 비메모리 효과, 긴 수명 등의 장점을 앞세워 새로운 차량용 배터리로 주목 받기 시작했다.

용도	특성
IT 제품	현재 리튬이차전지의 대표적인 사용처 장시간 연속 사용과 소형 및 경량화 이슈
자동차	하이브리드 자동차, 전기자동차 등 친환경 자동차에 탑재 고출력(노트북 전지의 50배 이상), 내구성(15년 이상), 안정성(폭발위험 해소)가 필수 요건
에너지 저장	풍력, 태양광 발전 등으로 생산한 전력을 저장 고정형으로 자동차처럼 엄격한 조건 불필요

전기자동차 확산으로 배터리 수요가 증가할수록 배터리의 핵심원료인 리튬 광물에 대한 수요도 지속적으로 증가할 것이며, 이는 리튬이 '하얀 석유'로 불리는 이유이기도 하다. 현재 리튬을 확보하기 위해 중국이 리튬 산지인 남미지역에 대한 투자를 선도하고 있으며, 뒤이어 미국, 유럽, 일본도 리튬 확보에 힘을 쓰고 있다. 리튬과 더불어 해당 광물들의 수요도 급증할 것으로 보인다.[32)]

32) GS Caltex mediahub, 알고 보면 재미 있는 과학 - 이차전지 이야기

(3) 팩(Pack)

사용자의 다양한 전력 요구사항을 만족시키기 위해서 배터리 셀을 직렬 또는 병렬로 배열하거나, 특정 기기에 손쉽게 탈착, 삽입이 가능하도록 구성한 전지 또는 전지 조합품으로 효과적인 냉각설계와 안정성 설계가 중요하다. 일반적으로 배터리는 셀(Cell), 모듈(Module), 팩(Pack)으로 구성된다.

수많은 배터리 셀을 안전하게 그리고 효율적으로 관리하기 위해 모듈과 팩이라는 형태를 거치게 된다. 셀, 모듈, 팩은 쉽게 배터리를 모으는 단위로 생각하면 된다. 배터리 셀을 여러 개 묶어서 모듈을 만들고, 모듈을 여러 개 묶어서 팩을 만드는 것으로 최종적으로 배터리가 하나의 형태를 갖추게 된다.

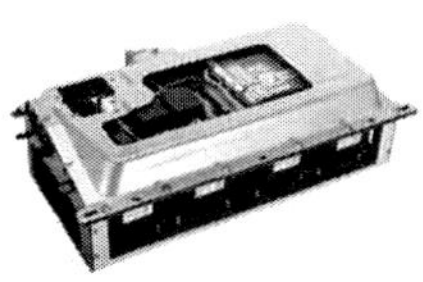

전기자동차 배터리팩
이미지 출처: 삼성SDI

배터리 셀 개발에 대한 방향성은 어느 정도 잡혀있는 반면, 최근에는 모듈과 팩 기술에 대한 관심이 높아지고 있다. 그 동안에는 배터리 셀 성능에 대해 집중했다면, 이제는 모듈과 팩을 얼마나 더 효율적으로 설계하고 구성하느냐 하는 고민을 맞이하고 있는 상황이다. 최종적으로 탑재되는 형태는 팩 형태이기 때문에, 팩의 스펙이 전반적인 디자인과 긴밀한 관계를 갖는다. 배터리 셀의 에너지 밀도를 높이는 것은 기본이고, 이제 모듈과 팩 디자인 경쟁이 치열해지고 있는 이유이다.

리튬이온 배터리 팩은 20Ah(암페어 아워·전류의 양)의 용량으로 납축전지가 60Ah와 유사한 출력을 낼 수 있다. 용량은 줄었지만 납축전지와 비교했을 때 더 신속하게 충전이 이뤄지기 때문에 납축전지와 같은 힘을 낼 수 있다. 이처럼 무게와 크기를 줄이면서도 같은 힘을 낼 수 있어 이산화탄소 배출량도 절감할 수 있다.[33]

(4) 셀(Cell)

배터리 셀은 배터리 내에서 양극판과 음극판으로 조합된 1조로, 하나의 격실로 된 케이스 내에서 전해액 속에 담가 다른 셀과 분리되어 있다. 여기에서 분리막 및 파우치 기술이 중요하다.

33) 삼성SDI, 전기차 배터리 구성, 셀? 모듈? 팩? 바로 알자!, 2017.09.

배터리 기업들은 같은 부피에 더 많은 에너지를 넣을 수 있도록 '고 에너지 밀도' 배터리 셀을 개발하는 데 박차를 가하고 있다. 업계에서는 보편적으로 셀 개발 방향이 에너지 밀도를 더욱 높이면서 안전성도 확보하는 쪽으로 가는 양상이다.

분리막(seperator)은 양극과 음극 사이에서 리튬이온을 전달하는 역할을 하며, 과전류가 흐를 때 기곡을 막아 전지 회로를 차단하는 안전장치 기능도 수행한다. 작동온도에서 높은 이온 투과도 및 낮은 전기 지항, 양극과 음극에 대한 진기적인 절연체의 특성을 갖는다. 전해질 용액에 대한 화학적 안정성, 고용량화를 위해 고밀도 충진이 가능한 얇은 막 두께를 갖는다. 주로 폴리에틸렌, 폴리프로필렌 등 폴리올레핀계 다공막들이 사용되고 있는 현황이다.

양극재의 경우 리튬이차전지 소재 가격 중 약 44%를 차지하는 핵심소재로 리튬 코발트 산화물(LCO), 리튬 망간 산화물(NCM), 리튬 인산철 산화물(LFP)이 많이 사용되고 있다. 리튬코발트산화물(LCO)은 에너지 출력 및 높은 수명으로 상업화 초기에 널리 사용되어 왔으나, 희귀금속인 코발트의 높은 가격과 안정성 문제로 코발트 일부를 망간 및 알루미늄으로 대체되는 추세다. 음극재는 충전할 때 리튬 이온을 받아들이는 역할을 하며, 주로 이용되는 물질은 흑연으로 안정성과 가역성(리튬 이온을 주고받는 능력)이 뛰어나다. 천연흑연은 가격이 저렴하나 충전효율이 낮아 잘 사용되지 않았으나 중대형 이차전지의 가격적인 문제로 최근 천연흑연과 인조흑연을 혼합해서 사용하는 추세다.

전해액(electrolyte)은 양극과 음극에 리튬이온의 전달 매개체로 유기용매, 전해질염 및 첨가제로 구성된다. LiPF6, LiBF4, LiClO4등의 리튬염을 프로필렌 카보네이트, 에틸렌 카보네이트 등의 유기용매에 용해하여 사용한다. 전해액은 전극 재료에 따라 조성을 최적화해야 하며 용질의 종류와 농도, 용매의 종류와 혼합비율에 따라 각기 다른 특성의 전해액을 얻을 수 있다.

셀이 얼마나 우수하느냐에 따라 한 번 충전으로 사용할 수 있는 양이 달라진다. 모듈은 셀이 외부 충격에 반응하지 않도록 안정성을 높여주는 역할을 한다. 팩은 배터리관리시스템, 냉각시스템 등을 장착한다.

현재 널리 사용되는 이차전지의 종류에는 리튬 이온 전지, 리튬 폴리머 전지, 니켈 카드뮴 전지, 니켈 수소 전지, 니켈 아연 전지 등이 있다. 이러한 단위 이차전지 셀, 즉, 단위 배터리 셀의 작동 전압은 약 2.5V ~ 4.2V이다. 따라서, 이보다 더 높은 출력 전압이 요구될 경우, 복수 개의 배터리 셀을 직렬로 연결하여 배터리 팩을 구성하기도 한다. 또한, 배터리 팩에 요구되는 충·방전 용량에 따라 나수의 배터리 셀을 병렬 연결하여 배터리 팩을 구성하기도 한다. [34]

---

34) 특허청, 배터리 모듈, 배터리 모듈을 포함하는 배터리 팩 및 배터리 팩을 포함하는 자동차

(5) 모듈(Module)

배터리 모듈은 서로 직렬 혹은 병렬로 연결된 다수의 셀들로 이루어져 있으며, 기계적 구조물 안에 매입된다. 여러 개의 셀은 열과 진동 등 외부 충격에서 좀 더 보호될 수 있도록 하나로 묶어 프레임에 넣게 되는데 이를 모듈이라고 부른다. 셀은 제한된 공간에서 최대한의 성능을 발현할 수 있도록 단위 부피당 높은 용량을 지녀야한다. 여기에 긴 수명을 가지면서, 동시에 전달되는 충격을 견디고, 저온·고온에서도 문제없을 만큼 높은 신뢰성과 안정성을 지녀야 한다. 여러 개의 셀은 또 열과 진동 등 외부 충격에서 좀 더 보호될 수 있도록 하나로 묶어 프레임에 넣는데, 이게 바로 모듈이다. 모듈에 배터리의 온도나 전압 등을 관리해 주는 배터리 관리시스템(BMS)과 냉각장치 등을 추가한 것이 팩이다.[35]

배터리 업계는 그 동안 셀에 대한 기술 경쟁에 주력해왔다. 근간이 되는 셀의 효율을 높이는데 연구개발(R&D)의 방향이 맞춰져 있었다. 하지만 이제 셀에 대한 기술 발전이 상당 부분 이뤄지면서, 점차 모듈과 팩에 대한 성능·효율성 증가로 방향이 바뀌어가고 있다.

2) 배터리 관리 시스템 BMS(Battery Management System)

ESS의 BMS는 배터리의 안정적 운영과 수명 관리를 위한 필수 요소이다. 최근 BMS 기술은 배터리 셀의 전압·온도 감지를 고도화하여 이상 상태를 신속히 탐지하고, 충방전 균형을 최적화하는 쪽으로 발전하고 있다. 특히 인공지능(AI)과 사물인터넷(IoT) 기술을 접목해 배터리 상태(State of Charge, State of Health) 예측 정확도를 높이고, 원격 모니터링을 통한 사전 진단과 유지보수 효율성도 강화되고 있다. 예를 들어, 대규모 ESS 설비에서는 클라우드 기반 시스템으로 BMS 데이터를 수집·분석하여 장애를 예측하거나 최적의 충방전 프로필을 산출한다. 국내 배터리 제조사들은 EV용으로 개발된 고성능 BMS 기술을 ESS에 적용하면서, 통신·네트워크 기능과 안전 알고리즘을 강화하고 있다. 이를 통해 단일 셀 고장 시 모듈·시스템 수준으로 확산되지 않도록 자동 절연, 전력 차단과 같은 보호 기능이 고도화되고 있다.

배터리의 에너지를 안전하고 효과적으로 사용하기 위해서는 배터리의 상태와 수명을 관리는 BMS(Battery Management System)가 필요하고, 이와 더불어 배터리 모듈들이 열적으로 평형 상태를 유지해 배터리가 최적의 온도 조건에서 동작할 수 있도록 냉각을 시켜주는 냉각팬, 고전압 고전류를 인버터에 공급하기 위해 전기적인 스위치 역할을 담당하는 고전압 차단기 등의 전장품 또한 반드시 요구된다.

---

35) 뉴시스, 전기차 시장 확대에 배터리 관심도 커져…'셀·모듈·팩' 의미는, 2017.09.07.

즉, BMS는 배터리 관리 시스템(Battery Management System)의 약자로 배터리의 상태를 제어하는 장치라고 할 수 있다. 초기에는 'battery monitoring system'의 약자로 여러 개의 전지를 직렬로 혹은 병렬로 묶어 사용할 때 각 개별 전지의 전압, 온도, 내부저항 등을 표시해주는 장치를 뜻했다. 현재는 배터리 모니터링(voltage, SOC, SOH등), 보호, 셀 balancing, PMS와의 통신기능, 진단 기능을 포함한 것을 말한다고 할 수 있다.

BMS는 배터리의 전압, 전류, 온도와 같은 전기적인 양을 측정하여 배터리의 화학적 특성을 추출하는 것으로, 배터리의 충전용량, 수명 등을 예측하여 모터구동 시에는 배터리가 공급할 수 있는 최대 에너지를 계산해 내고, 감속 시에는 회생되는 에너지를 제한하는 역할을 수행한다.
이것은 과 충·방전으로부터 배터리를 보호하는 목적과 함께 배터리의 사용 범위를 최적화하여 좀 더 저렴하고 컴팩트한 배터리를 차량에 장착하기 위해서이다. 또한 충·방전으로 인해 균형이 틀어진 셀이 과 충·방전이 되어 열적, 전기적 손상을 입지 않도록 균형을 맞추어 준다.

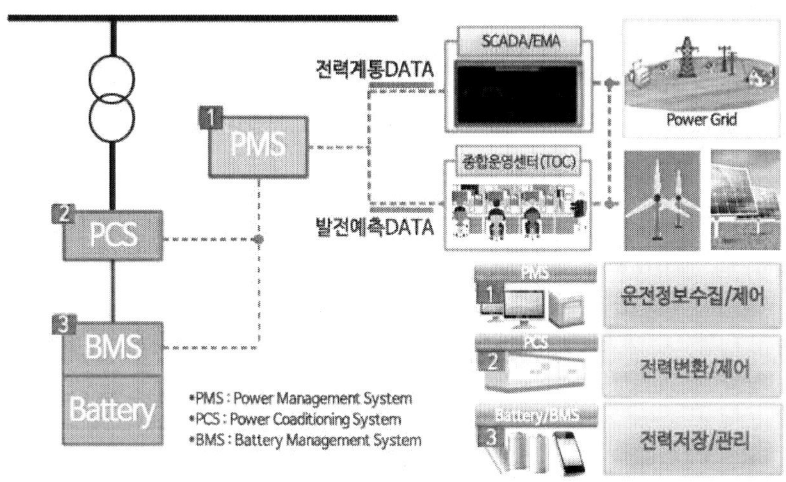

에너지 저장시스템의 구성 요소
이미지 출처: 세방전기 홈페이지

이런 모든 기능들은 신뢰성 있는 전기적 데이터의 측정이 기본이 되어야 한다. 이때 측정된 전기적인 데이터를 통해 냉각팬과 고전압 차단기를 제어하게 된다. 따라서 전기적인 데이터를 통해 화학적 특성을 유도, 추출해야 하므로 보다 정밀한 측정 데이터가 필요하다고 할 수 있다.

기존 배터리에서의 BMS 역할은 매우 미미하였으나, 리튬이차전지에서는 위험성으로 인하여 반드시 보호 장치가 요구되고 있다.

Ni-Cd나 Ni-MH 전지는 안전성이 우수하여 보호회로나 보조 기구의 필요성이 없었지만 리튬배터리의 경우 UV, OV, OC 보호가 필요하다. 전해액으로 유기용매를 사용하므로 열폭주(thermal runway)가 발생하면 화재로 진전되며, 최후에는 폭발 잠재성을 지니고 있다. 또한 수분이 침투하거나 단락 시 화재나 폭발의 위험성이 내재되어 있다.

3) PMS(Power Management System)

PMS란 배터리 및 PCS의 상태를 모니터링 및 제어하는 역할을 하며, 콘트롤 센터 등에서 ESS를 모니터링하고 제어하기 위한 운영 시스템을 뜻한다. PMS는 EMS(에너지 관리 시스템, Energy Management System)라고도 많이 불리는데 엄밀히 말해서는 ESS의 전력을 제어하는 시스템으로 PMS로 구분하여 칭할 수 있다.
에너지 관리 시스템이라고 불리는 EMS는 다양한 분야에서 적용되어 의미가 조금씩 다르지만, 가장 기본적인 의미는 정보통신 기술(ICT)을 이용해 에너지 사용 상황을 최적으로 파악하고 관리해 비효율적인 에너지 사용을 줄임으로써 능동적으로 에너지 관리를 가능하게 하는 시스템(IT 소프트웨어)을 말한다. EMS는 수요는 늘어나지만, 발전을 늘리는데 많은 제약이 따르는 지금 추세에서 에너지를 합리적으로 사용하기 위해 필수적인 솔루션으로 평가받고 있다.[36)]

EMS는 ESS의 작동 방식을 감시하고 제어하면서 시스템 전반의 컨트롤 타워 역할을 한다. ESS 발전 시스템을 실시간으로 분석하고, 통신망을 통한 모니터링 및 제어를 진행한다. 단순히 충/방전 제어만 가능한 EMS가 있고, 소비 패턴이나 기상 정보를 알고리즘화하여 전력의 수요량 및 발전량 예측을 통해 ESS의 최적 운전 계획을 세워줄 수 있는 EMS도 있다.

EMS는 2030년까지 총 16.5조원 규모의 시장을 형성할 것으로 예상되고 있으며 주로 스마트 그리드 구축 후반기에 투자가 집중되어 있어 2단계 후반부터 본격적인 시장을 형성할 전망이다. 이는 신재생에너지 저장 및 송배전을 위한 전력망 최적화가 이뤄지고 난 후에야 수요 및 생산조절을 위한 마이크로 그리드의 전력계통 관리를 위해 EMS의 필요성이 도입되기 때문이라 할 수 있다.

가장 간단한 기능으로 단순히 모니터링 만을 할 수도 있고, 입력값(기상정보, 충전패턴 정보 등)에 따라서 출력값 (충/방전량 관리, 수요에 따른 피크제어 등 ESS의 최적 운전 스케줄 생성, 시간별/자원별 최적 운영계획 수립)을 도출하여 ESS 효율을 극대화할 수 있는 기능까지 구성하는 것도 가능하다.

때문에 어떤 의미에서 보면 ESS에 있어서 가장 핵심적인 기능을 담당하며, EMS는 회사

---

36) 대학생신재생에너지기자단, 2020.05.25.

별로 상당한 차이를 띄게 된다. 이러한 EMS의 역할이 ESS에 국한된 경우에는 ESS 내부의 에너지 알고리즘을 분석하고 제어하게 된다.

이런 의미에서 보자면 EMS는 넓은 의미로 에너지 소비자가 에너지를 데이터와 알고리즘 기반으로 관리하여 최적의 에너지 운영 상태를 끌어내는 것을 목표로 하는 소프트웨어를 말하며 또한 그 역할이 전력의 충전 및 방전에 국한되기 때문에 ESS의 EMS는 PMS라고 따로 지칭하기도 하는 것이다. PMS는 PCS와 연동되어 작동하는 경우가 많은데, ESS라는 시스템 내부에서 EMS와 PMS는 그 역할과 명칭의 경계가 약간 모호하다.

PMS 소프트웨어는 복잡하다고 할 수 있다. 단순히 에너지의 발전, 송전, 충/방전 개념을 넘어서서 수요관리와 연결해서 보면 소비자의 소비패턴 분석, 발전 패턴 분석, 충전 시 고려해야 할 알고리즘 조건 등을 분석하여 실시간으로 어떤 발전을 어떤 시기에 하는지, 어떤 시기에 소비패턴을 줄여야 하는지 등을 결정하다 보니 입력 값이 많아질수록 그 출력 값에 도달하는 알고리즘은 매우 복잡하게 변하게 된다.

4) PCS(Power Conditioner System)

PCS(Power Conversion System 또는 Power Conditioning System)는 ESS로부터 전력을 받아 배터리에 저장하거나 송전하기 위해 주파수, 전압 등 전기의 특성을 변화해 주는 장치이다. 전력을 저장할 때와 사용할 때 달라지는 특성을 PCS를 통해 조정한다. 저장 시에는 교류를 직류로, 방출 시에는 직류를 교류로 전환시키는 것이다. 전력 변환 기능 외에도 운영 상태 감시 및 품질 제어, 정전 시 계통 보호, 독립운전 등 ESS 시스템의 핵심적인 기능을 맡고 있다.

ESS용 PCS(Power Conditioning System)는 기본적으로 에너지저장장치의 직류전력을 전력 계통연계기준에 부합한 교류전력으로 변환하여 공급하거나, 교류전력계통으로부터의 교류전력을 에너지저장장치의 직류전력으로 변환하는 양방향 전력변환의 동작이 요구되어 진다.

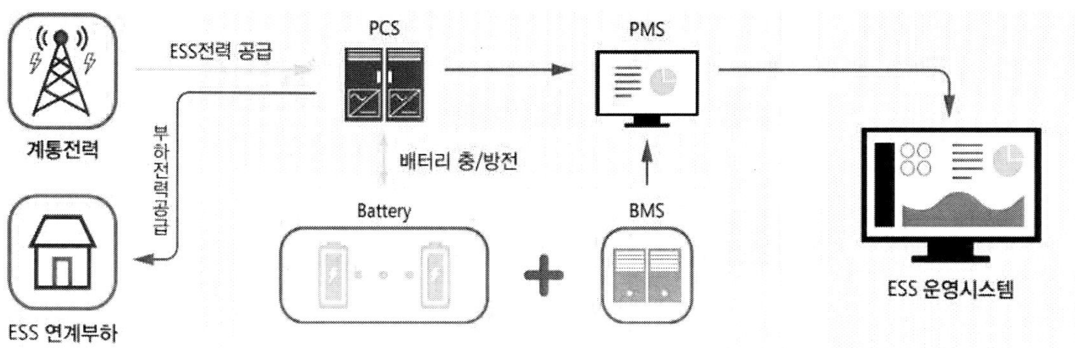

ESS에서의 PCS의 역할
이미지 출처: 지투파워 홈페이지

또한 ESS용 PCS는 사용되는 용도, 에너지 저장장치의 종류, 적용되는 전력 시스템에 따라 요구되어지는 PCS의 구조, 성능, 시험 및 검사 항목 등 사양이 변하게 되고 이를 충족해야 한다.[37]

PCS는 단순히 교류와 직류를 변환시키는 역할뿐 아니라 주파수, 전압 등을 조정하는 역할도 한다. 즉, PCS는 사용되는 용도나 ESS의 종류 등에 따라서 요구되는 구조, 성능, 시험 혹은 검사 항목이 변하게 되는데, 이러한 항목을 나열해보자면 노이즈, 통신 프로토콜, 시스템 이중화 (제어 전원, 통신 네트워크), 무효전력 제어기능, 단독운전 방지 기능, 배터리 충방전 기능, 다양한 보호 기능, 고장기록 저장 기능 등이 있다. 이는 제품에 따라 기본적으로 내장되어있는 경우도, 그렇지 않은 경우도 있다.

일반적으로 PCS는 DC 접속만, AC 접속만, 인버터/제어 등 각종 조작이 가능한 패널, HMI, 비상 스위치 등으로 나뉘어 있다. 제품에 따라선 PCS 내부에 PMS라고 불리는 소프트웨어가 내장되어있는 경우도 있다.

PCS는 기본적으로 전력의 형질을 변환시키는 기기이지만, 그 기능이 단시 교류/직류 변환에 머물러있지 않다. 가격은 배터리에 비해 그 비중이 크지는 않지만 그럼에도 불구하고 절대 간과해서는 안 되는 ESS의 중요한 부분이라고 할 수 있다. 배터리의 경우 생산 공정 등이 매우 복잡하고 철저하게 규모의 경제가 이루어지는 상품이기 때문에 업계 내 플레이어가 상당히 제한되어있지만, PCS 업체의 경우 그 수가 상당히 많다.

4. 저장방식에 따른 분류

ESS는 생산 에너지를 기준으로 전기저장시스템(Electricity Storage System)과 열저장

37) LS산전, ESS용 PCS의 현황과 전망

시스템(Thermal Storage System)으로 분류된다. 또한 저장형태 또는 방식에 따라 물리적(mechanical) 저장, 화학적(electrochemical) 저장, 전자기적((electromagnetic) 저장 방식 등으로 분류된다.

1) 물리적 저장

(1) PHS(양수발전)

양수발전(PHS, Pumped Hydro Storage)은 저부하시 여분의 전력을 이용하여 하천의 물을 상류의 저수지로 양수하여 놓고, 전력수요량이 많을 시기에 이 저장된 물로 발전하는 방식을 의미한다. 수력 발전의 하나로 높이 차이가 나는 두 개의 저수지를 두고, 전력이 남을 때에는 아래쪽 저수지에서 위쪽 저수지로 물을 펴 올릴 수 있다. 펴 올린 물은 전력이 필요할 때 발전에 사용된다.[38]

하천 또는 호수 등에서 물이 가지는 위치에너지를 수차를 이용하여 기계적 회전에너지로 변환하고 이것을 다시 전기에너지로 변환하는 발전방식으로 낙차(H)와 유량(Q)에 의해 발전설비의 용량이 결정된다. 국내보급현황은 '82년 이후 정부의 지원으로 현재까지 30여개 지역에(용량 약 43,000kW) 설치되었고 연간전력생산량은 약 1억kWh에 달한다.

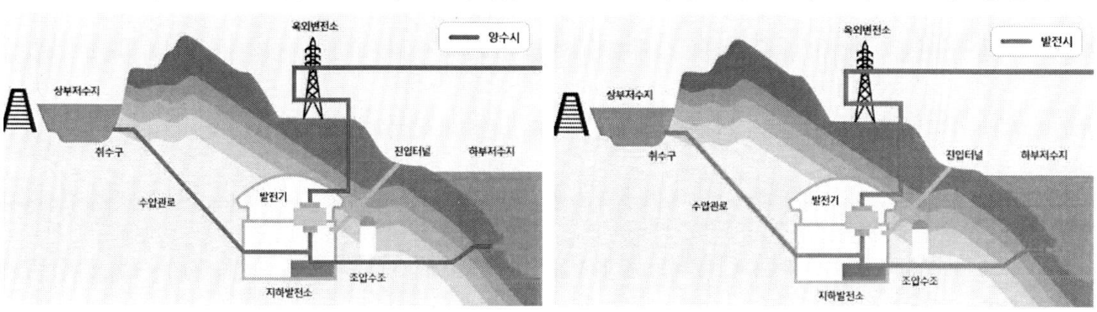

양수발전 원리
이미지 출처: 한국수력원자력

소수력발전은 전력생산 외에 농업용 저수지, 농업용 보, 하수처리장, 정수장, 다목적댐의 용수로 등에도 적용할 수 있는 점을 감안할 때 국내의 개발 잠재량은 풍부하며, 청정자원으로서 개발할 가치가 큰 부존자원으로 평가받고 있다. 발전방식은 댐을 쌓아 그 낙차를 이용하는 댐식, 강을 상류에서 막아 취수구를 만들고 물을 수로로 흘려보내어 본류와의 낙차를 이용하여 발전하는 수로식, 댐식과 수로식의 장점을 이용하여 낙차를 높이는 댐수로식, 강의 흐름을 바꿔 낙차의 크기를 늘리는 유역변경식 등이 있다. 낙차(H)는 상부에서 하부로 이용 가능한 최대 수직거리이며, 손실로 인하여 감속한 낙차를 정격낙차(Net Head)라 하고, 유량(Q)은 단위시간당 수차를 통과하는 물의 양(㎥/sec)을 말한다. 수차를 회전 시키는 물의 양이 많고, 낙차가 클수록 발전설비 용량이 커지고 전력생산량

38) 한국수력원자력, 양수발전

이 많아 경제성이 좋아진다.

오스트레일리아 국립대 공학교수 앤드류 블레이커스(Andrew Blakers) 등은 배터리를 대신할 차세대 에너지 저장 기술로, 양수발전의 중요성을 강조하고 나섰다. 일반적으로 전력계통 발전, 신재생발전기 출력 안정화 등에 사용되는 에너지저장장치(ESS)인 리튬이온 배터리는 짧게는 5년, 길면 10여 년간 사용 가능할 뿐이지만, 양수발전은 한 번 건설로 약 100여 년 동안 사용 가능하기 때문이다.

앤드류 교수는 양수발전이 강 주변의 생태계를 파괴할 가능성이 있다는 문제 역시 해결할 수 있다고 말하고 있다. 양수발전을 설치하기 위해 새로 저수지를 만들고, 강에 댐을 설치할 경우 논란이 될 수 있지만, 강 대신 기존 호수 또는 저수지를 활용할 수 있다는 것이다. 고도 차 600m, 깊이 20m 크기의 저수지 한 쌍은 24기가와트시(GWh)의 전력을 저장할 수 있기 때문에 1GWh로 24시간 전력 공급이 가능하며, 이는 백만 인구의 도시에도 공급 가능한 양이라고 덧붙였다.

국내에서도 한국수력원자력을 중심으로 양수발전 건설 움직임이 본격화되고 있다. 한수원은 노후 수력·양수발전을 현대화하고, 2기가와트(GW)의 신규 양수발전을 건설해 건강한 수력·양수발전 생태계를 조성하겠다는 계획을 밝힌 바 있다.[39)]

(2) CAES(압축공기 에너지 저장 시스템)

압축공기 에너지 저장 시스템(CAES, Compressed Air Energy Storage System)은 잉여 전력을 이용해 공기를 압축하여 저장했다가, 필요시 압축 공기로 터빈을 구동해 전력을 공급하는 장치다.

최근에는 풍력 등 신재생 에너지 보급에 따른 간헐적인 발전특성을 보완하기 위한 전력저장의 필요성이 증가하고 있다. 양수발전은 지형적 제약 조건과 환경 문제로 신규건설이 어려워지고 있기 때문에 그 대안으로서 최근 압축공기저장(CAES) 발전에 대한 관심이 높아지고 있다.

압축공기 발전은 야간에 공기를 압축 저장하고 주간에 가스터빈을 돌려 발전하는 방식으로 고압의 공기압(70기압)을 이용한다. 미국, 독일 등 소수의 국가에서 소규모로 운용중이다. 이 방식은 발전단가가 비교적 낮으며(500 ~ 1500$/kW), 운전방식이 비교적 단순한 장점이 있다. 반면 출력(300 MW 이하)과 효율이 비교적 낮고(25~40 %) 부하변동 대비 기능이 낮으며(기동시간 20분), 효율 향상을 위해 추가 가열하는 경우 온실가스가 배출돼 환경성 문제 때문에 일반화되지 못하고 있다.

39) 이넷뉴스, 韓, '양수발전'으로 탄소중립국 도약해야, 2022.02.16.

현재 압축공기-양수 하이브리드 발전 시스템은 한전이 'KEPCO 2030' 기술전략을 통해 신재생에너지, 청정 융복합 발전 등 8대 핵심 전략기술을 선정하고 출력 보정 기능한계와 이에 따른 계통사고의 가능성을 줄일수 있는 다양한 연구를 진행 중이다. 압축공기-양수 하이브리드 발전은 야간 또는 전력 여유가 많은 시기에 공기를 압축 저장하고 주간 또는 전력의 여유가 없을 때 공기압을 가한 물로 수차를 돌려 발전하는 방식이다.[40]

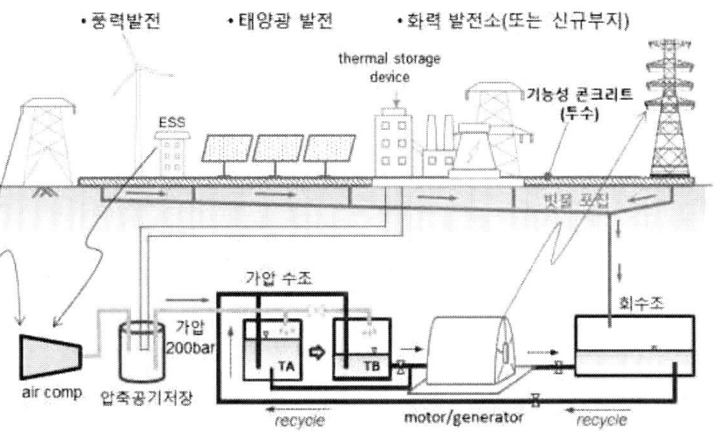

하이브리드 압축공기발전 시스템 개요

이미지 출처: 전기신문

지난해 10월 중국이 개발한 최초의 10MW급 압축공기 에너지저장시스템이 귀주성(Guizhou) 계절시(Bijie) 내에서 전력계통에 연결돼 발전을 시작했다. 현지 전력 전문가는 이번 시스템을 '초대형 휴대용 배터리'에 비유하고 있다.

중국 최초의 10MW 압축공기 에너지저장시스템은 이미 중국 남서부의 산간부에 위치한 귀주성에 건설되고 가동되고 있다. CGTN 보도에 따르면 현지의 복잡한 지형 때문에 프로젝트 공사에는 어려운 면이 있었고 2016년에 이 시스템의 공사가 시작되고 나서 설치나 조정의 시간만으로 1년 이상 걸렸다. 그 후 4년 이상을 들여 조정을 실시해 비교적 이상적인 에너지 소비의 레벨에 도달했다.

이번 고급 10MW 압축공기 에너지저장시스템은 현재 하루에 4만kWh의 전력을 발전시킬 수 있다고 전해졌다. 이 전력량은 일반 가정 3,000가구의 일일 전력 사용량에 해당한다. 압축공기 에너지저장기술에 의해 발전량이 불안정한 풍력발전, 태양광발전 등의 재생에너지를 저장할 수 있다. 즉 전력 시스템에 안정장치와 축전지가 합쳐진 것이다.[41]

풍력발전과 태양광발전을 전력시스템에 연결하는 경우에는 날씨의 변화와 햇빛의 변화에 따라 제어가 불가능한 면이 있어 전압에 변동이 생긴다. 그러나 에너지를 저장하고 안정

---

40) 전기신문, '압축공기-양수 하이브리드 발전 시스템' 전기 수요지 인근 대규모 에너지저장시스템 '주목', 2020.06.08.

41) 투데이에너지, 中, 압축공기 E저장시스템 도입, 2022.01.10.

된 형태로 전력시스템에 연결하면 에너지구조를 향상시킬 수 있다. 또한 압축공기 에너지저장시스템은 규모가 크고 비용이 낮고 긴 수명이며 지리적 조건의 제한을 받지 않는 것으로 전해졌다. 특히 친환경 등의 특징이 있어 대규모로 보급하기에 충분한 에너지저장기술로 주목받고 있으며 저장매체가 공기뿐이기 때문에 갑자기 폭발할 위험도 없는 것으로 분석된다.

(3) 액화 공기 에너지 저장시스템(Liquid Air Energy Storage system)

압축공기에너지저장시스템(CAES; Compressed Air Energy Storage)은 높은 압력으로 공기를 압축할 때 상당한 에너지가 필요하다는 것과 기체 상태의 공기를 압축했을 때 에너지 저장 밀도가 낮아지고 지리적 제약이 크다는 것이 단점이었다. 이 단점을 보완하기 위해 영국 Highview Power는 압축공기를 액화시키는 시스템을 이용해 에너지를 저장하는 방법을 제안하였다. 액화공기에너지저장시스템(LAES system; Liquid Air Energy Storage system)은 2011년부터 2014년까지 런던 인근 슬라우 지역에 350 kW/2.5 MWh 파일럿 플랜트가 건설되어 성능시험이 수행되었고, 현재는 버밍엄 대학에 추가 연구를 위해 이전되었다. 2018년 6월부터는 맨체스터 인근 베리 지역에 실증을 위한 5 MW/15 MWh 실증 플랜트가 구축되어 근처 매립지 가스 발전소와 연계하여 성능시험이 진행되고 있다.[42]

공기액화 에너지저장 및 활용 시스템

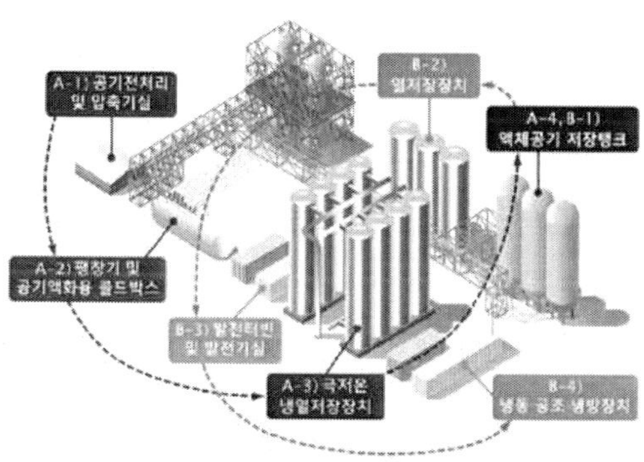

액화충전 및 발전활용 공정

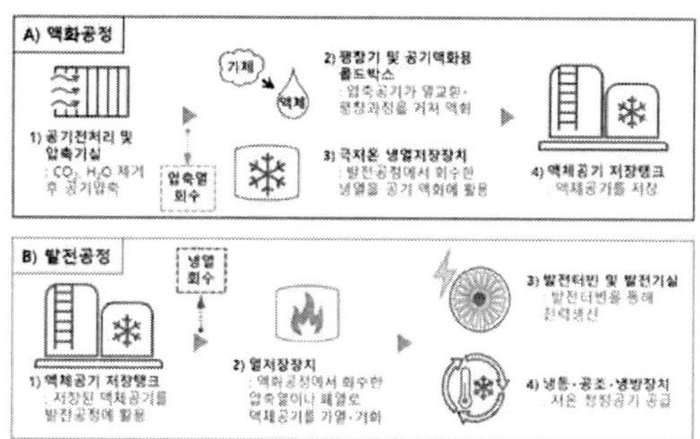

이미지 출처: 가스신문

LAES는 전력수요가 적을 때 잉여전력을 활용하여 공기를 액화하여 저장해 두었다가 전력수요가 증가할 때 기화, 팽창과정을 통해 전력을 생산하는 간단한 공정으로 알려져 있으나 액화 및 재기화 공정에서 소모되는 많은 엑서지(Exergy) 손실로 인해 단독 공정 실증 플랜트의 실제 효율은 8~10% 내외로 보고되고 있다.

LAES는 아직 개발 단계이며 보급 활성화를 위해서는 경세성 확보가 중요하다. LAES 공정은 80% 이상 효율을 가진 배터리에 비해 경쟁력이 없어 보이나 수명이 불과 몇 년밖

42) 신재생에너지, 액화 공기 에너지 저장 기술(LAES)의 경제성 분석, 2020. 3 Vol.16, No.1

에 되지 않는 배터리보다 30년 이상 유지될 수 있어 경쟁력 확보 가능성이 존재한다.

공기액화 에너지저장 시스템은 영국 Newcastle University의 Smith 박사가 1977년 발표한 논문에서 공기액화 에너지저장 및 발전 개념이 세계 최초로 제안되었다. 영국 Highview Power는 2011~2014년 런던 인근에 바이오매스 플랜트와 연계된 350 kW(2.5 MWh) 파일럿 플랜트, 2018년 맨체스터 인근에 바이오가스 발전소와 연계된 5 MW(15 MWh) 실증 플랜트를 시험했고, 2023년 상업운전을 목표로 50 MW(250 MWh) 상용급 시스템(CRYOBatteryTM)을 맨체스터 인근에 건설 중이다.

독일은 Linde의 주도하에 6개 기관이 참여한 Kryolens 프로젝트(2016.10~2019.09)에서 공기액화 에너지저장 시스템 공정과 주요 기자재의 기술성숙도를 높이고 경제성을 평가하였다. 유럽연합(EU)은 2016년부터 CryoHub 프로젝트를 통해 재생에너지-공기액화 에너지저장 시스템-냉동창고를 연계하는 대용량 ESS 기술을 개발하고 있다. 프랑스 Air Liquide와 영국 Highview Power를 비롯한 5개국의 14개 기관이 참여하여 파일럿 플랜트(전기 100 kW, 냉동 130 kW)를 설치 및 운전할 예정이다. 일본은 유럽의 공기액화 에너지저장 프로젝트에 자본 투자 및 참여기관 형태로 기술개발에 참여하고 있다.

이와 같이 친환경 에너지에 관심이 높은 국가들을 중심으로 공기액화 에너지저장 시스템의 상용화를 위한 적극적인 투자와 기술개발이 진행되고 있다.
국내에서는 2021년부터 한국기계연구원에서 300kW 파일럿 플랜트의 핵심기자재 설계, 개발 연구를 수행 중에 있지만, 실험실 수준의 기술개발 정도로만 연구가 진행되고 있는 상황이다.

이에 국토교통부의 국토교통과학기술진흥원에서는 2020년 12월부터 공기액화 에너지저장 시스템의 실용화 추진을 위한 극저온 공기액화 기술과 핵심기기 설계 기술 확보 전략 수립, 도시·국토 차원에 적합한 ESS 적용 모델 개발 및 실증 방안 등을 기획연구를 통해 준비해 가고 있다.[43)]

(4) FESS(플라이휠 에너지저장 시스템)

플라이휠 에너지저장 시스템(FESS, Flywheel Energy Storage System)은 모터/발전기 축에 연결되어 있는 플라이휠에 회전관성 에너지의 형태로 전기에너지를 저장한다. 높은 출력을 낼 수 있고 수명이 길며, 응답속도가 빠르다는 장점이 있는 반면 지속적인 전력 공급을 위한 에너지 밀도가 낮고 대기전력 손실이 높다는 단점을 가지고 있다. 플라이휠은 물리적 저장장치로 분리되며 전기에너지를 회전하는 운동에너지로 저장했다가 다시 에너지로 변환하여 사용하는 에너지 저장 기술이다. 효율이 높고 수명이 길고 급속 저장

43) 가스신문, 공기액화 에너지저장시스템은 탄소중립이라는 국제적 흐름에 부합, 2021.10.14.

이 가능한 것이 특징이지만 초기 구축비용이 높게 들어간다. 그러나 배터리 교체 없이 20년 이상 사용할 수 있고 보통의 배터리가 원소들로 인해 환경오염을 야기하는 것에 비해 플라이휠 저장방식은 동력으로 인해 저장되기 때문에 장기적으로 더 유리하다.

작동원리를 살펴보면 원형 진공격벽 안에 Flywheel을 배치하되 플라이-휠 축의 양 끝단과 격벽의 중심점에 강력한 자석들을 설치하여 플라이-휠이 중심을 잡고 공중에 떠있도록 만든다.

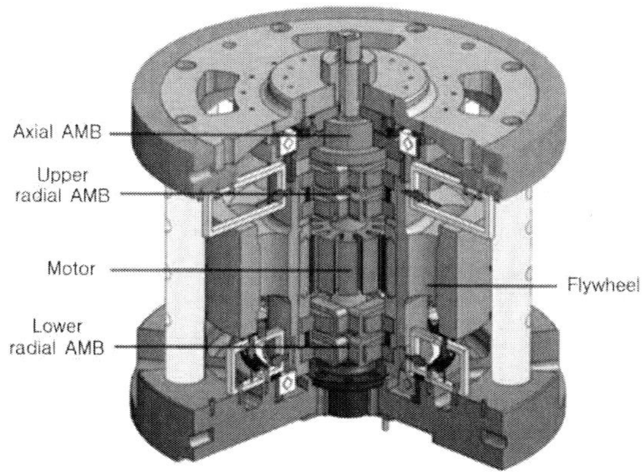

플라이휠 에너지 저장 시스템
이미지 출처: 한국소음진동공학회논문집 제20권 제8호

한편, 플라이-휠 축에는 또다른 강력한 자석들이, 격벽에는 코일들이 배치되어 있다. 플라이-휠이 정지된 상태에서 격벽의 코일에 전기에너지를 주면 일종의 모터처럼 즉시 수만 RPM으로 고속회전한다. 이후 코일의 전기를 차단하여도 내부는 진공상태이고 축 고정점의 마찰도 없으므로 플라이-휠의 관성력은 아주 오랜 동안 유지된다. 즉, 큰 에너지를 장기간 보관할 수 있다.[44]

FES 방식의 또 다른 특징은 다음과 같다. 먼저, 충전과 방전에 소요되는 사이클-타임이 배터리에 비해 극단적으로 짧다는 장점이 있다. 예를 들어 10분, 20분, 1시간 충전할 필요없이 수 초, 수 십초 안에 완전 충전상태 즉, 플라이-휠의 최대속도에 도달한다. 또한 작게 만들고 여러 개를 병렬, 직렬로 연결하면 화학배터리가 따라올 수 없을 대 전력도 취급할 수 있고 화학배터리에서 종종 일어나는 폭발위험도 없다. 때문에 초전도체를 쓰고 다양한 제작재료들, 아이디어들을 결합하는 조건으로 산업현장은 물론 우주선 배터리로 활용하려는 연구까지 진행되고 있다.

(5) 중력 에너지 저장(Gravity Energy Storage)

44) 오토다이어리, 멋진 에너지 저장기술, 플라이-휠 배터리, 2016.

중력을 이용하여 에너지를 저장해 놓았다가 전력 수요가 급증할 때 공급하는 중력에너지저장(GES)의 원리는 다음과 같다. 태양광과 풍력 등 재생가능 에너지로 발전한 전력이 남을 때, 이 잉여 전력을 이용해 무거운 물체를 높은 위치로 올려놓았다가 전력이 필요할 때 떨어트림으로써 발전기의 터빈을 돌려 발전한다. 즉, 전기 에너지를 위치 에너지를 변환하여 저장하는 원리이다. 중력 에너지저장 시스템의 장점은 전력 손실이 적으며(에너지 변환 효율 80~90%), 장기적 에너지 저장이 가능하고, 대체 에너지저장 시스템인 리튬 배터리 시스템보다 가격이 저렴하다는 것이다.

중력 에너지저장 시스템에는 산악 중력 에너지저장(Mountain Gravity Energy Storage; MGES), 중력전기(Gravitricity) 기술, 그리고 에너지 볼트(Energy Vault)의 크레인을 이용한 솔루션 등이 있다.

- 산악 중력 에너지저장(Mountain Gravity Energy Storage; MGES): 산악 지역에 스키 리프트와 비슷한 설비를 이용해 산 정상으로 모래나 자갈 같은 것들을 올려두었다가 전력이 필요할 때 떨어트려 발전시키는 원리다. 일일 간격으로 에너지를 저장했다가 단기적으로 소모하는 배터리시스템에 비해 축적해 놓았던 에너지를 계절사이에 장기적으로 사용할 수 있다는 장점이 있다. 산악 지역에서는 양수 발전(Pumped-hydro storage; PHS)의 이용도 가능하지만 수압의 한계 때문에 1,200 m 이상의 높이 차를 둘 수 없지만 MGES 시스템은 5000m 이상도 가능하다. 모래나 자갈 등은 물같이 증발을 통한 질량의 감소가 없기 때문에 장기 에너지 저장에도 적합하다.

- 중력전기(Gravitricity)의 기술: 스코틀랜드 에딘버러의 회사 Gravitricity는 약 1500m에 이르는 폐광의 수직갱도에 500톤 에서 5000톤 가량의 중량물을 이용해 에너지를 저장하는 기술을 개발했다. 이 저장 시스템은 손상 없이 최소 50년 유지될 수 있고, 80%에서 90%의 효율로 작동할 수 있으며, 리튬 전지보다 낮은 비용으로 저장할 수 있다.이 시스템은 몇 초동안 최대 1에서 20 MW에 이르는 발전 용량을 갖출 수 있을 뿐만 아니라 출력 용도에 따라서 15분에서부터 8시간 정도까지 다양하게 발전을 할 수 있다. 아직까진 테스팅 단계에 있는 시스템이며, 현재 스코틀랜드에서 개발하고 있는 프로토타입은 2021년에 완료 및 테스트 될 예정이다.

- Energy Vault 크레인 솔루션: 스위스 기업인 Energy Vault의 시스템은 33 층 타워 위에 크레인을 사용하여 거대한 콘크리트 블록을 올리고 내림으로써 에너지를 저장한다. Energy Vault의 솔루션은 산 같은 토지 지형이나 지하의 특정 지질에 의존하지 않기 때문에 위치적 자율성이 있다는 장점이 있다.[45]

2) 화학적 저장

45) KOTRA 실리콘밸리 무역관, 중력 에너지저장 시스템

(1) FBS(흐름전지 시스템)

화학적 방법을 이용한 ESS로 흐름전지 시스템(FBS, Flow Battery System)이 있다. 레독스 흐름전지(RFB, Redox-flow Battery) 기술을 사용한 ESS인데, 레독스 흐름 배터리는 환원과 산화의 흐름을 이용하여 전기를 저장하고 이를 다시 사용하는 장치이다. 이를 위해 펌프를 통해 전해액을 전달하는 과정이 필요하다. 이러한 이유로 플로(flow) 배터리라고도 불린다.

ESS 화재사고에 대응하기 위한 차세대 전지인 '바나듐 레독스 흐름전지(VRFB)'가 주목받고 있다. VRFB는 물 성분의 수계 전해질을 사용해 화재 위험성이 없고 리튬이온전지 대비 수명도 2배 이상인 차세대 배터리다.

흐름전지는 리튬이온전지와 마찬가지로 전기에너지를 화학 에너지의 형태로 바꿔 저장하는 2차전지다. 에너지가 저장되는 전해질이 배터리 내 저장탱크에 보관되고, 전기 출력을 담당하는 스택(stack)으로 이동, 순환하며 산화•환원 반응이 일어나, 이 과정에서 전기에너지가 화학에너지로 변환되며 충전과 방전을 한다. 이 때, 두 개의 저장탱크에 전해질이 나눠 저장되는데 각각의 전해질에는 서로 다른 금속 이온이 녹아있다. 흐름전지의 전해질에는 아연, 브롬, 바나듐 등 종류는 다양하지만, 산화수가 서로 다른 두 바나듐 이온을 이용한 'VRFB'가 대표적이다.

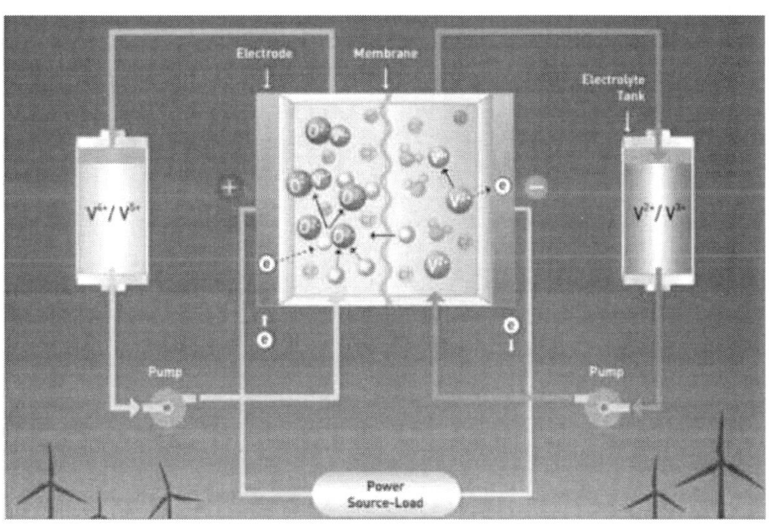

바나듐 레독스흐름전지 모식도
이미지 출처: Pacific Northwest National Laboratory

VRFB는 리튬이온전지와 비교해 인제 유해성, 인화성, 화학 반응성의 위험도가 낮아 안정성이 매우 높다. 리튬이온전지는 유기용매 전해질을 사용하나 VRFB는 水계 전해질을 사용해 화재 위험이 없다. 수명도 리튬이온전지 보다 약 2배 이상 길다. 평균 20년 이

상 사용할 수 있고, 전해액을 교체할 경우 반영구적으로 사용할 수 있다.

에너지 저장부인 저장탱크를 따로 설계해, 용량 설계 유연화 및 대용량화에도 용이하다. 충방전 출력 및 효율은 아쉽다. 리튬이온의 경우 90% 정도 에너지 효율을 가지나 VRFB는 70% 정도로 나타난다. 리튬이온전지 보다 비교적 에너지 밀도가 낮아 저장탱크 등의 설치 공간이 많이 필요한 점도 개선 사항이다.[46]

(2) NaS(나트륨황전지)

나트륨 유황전지(NaS)는 대용량 에너지 저장시스템(energy storage system, ESS) 중 하나로서, 최근 풍력에너지, 태양에너지, 해양에너지 등 그린재생에너지의 사용증가로 ESS에 대한 수요가 급증함에 따라 NaSa전지에 대한 관심이 고조되고 있다. NaS전지는 에너지 밀도가 높고(납축전지 밀도의 3배), 사이클 수명이 길고, 자가 방전이 없어 대용량 전력저장 시스템에 적합하다.

NaS 전지는 양극으로 황(Sulfur), 음극으로 나트륨(Na), 고체전해질 및 분리막으로 β"-알루미나(Al2O3)로 구성되어 있고, 양극 활물질인 황은 부도체이기 때문에 도전재인 탄소섬유(carbon felt)에 함침시켜 양극으로 사용해야 함으로, 양극재 구성 및 특성은 전지성능에 상당한 영향을 미치게 된다.
NaS 전지에 대한 연구는 1960년에 시작되었고 소규모 운송장치에서 대규모 전력장치에 걸쳐 넓게 응용되었다. 그 뒤 1980년에는 일본에서 주로 NaS 전지 시스템을 운용하였고, 일본의 도쿄전력(TEPCO)은 NGK 사와 함께 NaS 전지 비용절감을 위한 시스템 개선과 시스템의 신뢰성 및 내구성 확보를 위한 노력을 기울였다. 2003년 NGK 사는 상업적 규모의 NaS 전지 제조를 시작하였고 2010년부터는 전 세계적으로 관심이 집중되면서 상업화를 위한 연구가 활발히 진행되고 있다.

기존 리튬이온 전지의 적정 대응용량은 5㎿ 이하이나 NaS전지의 경우 높은 에너지 밀도를 가져 10㎿~1GW의 대용량 대응이 가능하다. 그러나 리튬이온 전지보다 훨씬 무거워 소형 가전에서는 사용 불가하고 산업용으로 주로 사용되고 있다. NaS전지는 300도 이상의 고온의 황과 용융된 나트륨을 이용하며 설비를 고온에서 운용해야 한다는 부담감이 크며 유해 물질인 황을 사용한다는 점이 단점으로 지적된다.

NaS전지는 대용량 전력 저장 장치에 적합하고, 분산 설치 가능하여 부하 평준화 효과가 있다. 국내에서는 POSCO가 2010년 전력저장용 NaS전지 국내 첫 개발하였다.

---

46) 국토일보, 화재 위험성 無, '바나듐 레독스흐름전지(VRFB)', 2021.01.14.

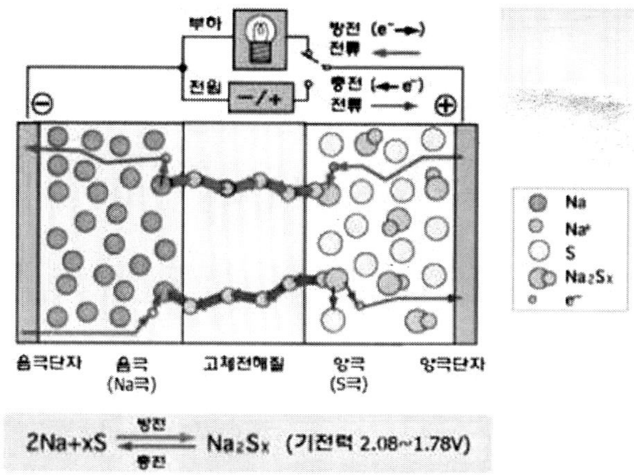

NaS의 발전원리

이미지 출처: 에너지경제

(3) Lead acid(납축전지)

납을 (-)극, 이산화납을 (+)극, 비중 1.25 정도인 황산용액을 넣어 만든 전지이다. 방전된 축전지에 직류 전원을 연결해 주면 역반응이 진행되어 충전이 된다. 축전지가 방전되면 -극과 +극은 모두 황산납으로 변하게 되고 두 전극은 무게가 무거워지고 황산의 농도는 묽어진다. 이온화 경향이 큰 음극(Pb-해면상납)과 이온화 경향이 적은 양극(PbO2-과산화납)을 전해액(묽은 황산 농도 ≒ 37%)에 넣어 회로를 만들고 화학 반응을 통해 전기 에너지를 발생시키는 축전지라고 할 수 있다.

크게 산업용과 자동차용으로 분류할 수 있다. 자동차 배터리처럼 흔히 쓰이는 축전지의 대표적인 것에 연(납)축전지가 있다. 축전지는 전기를 저축하고 있는 것이 아니라, 전기 에너지를 만들어내는 화학 에너지를 저장하고 있는 것이다.

가장 많이 사용되는 분야는 자동차이다. 자동차에 사용되는 모든 배터리는 전기자동차가 아닌 이상 납축전지인 경우가 대부분이다. 이는 가격대비 제조비나 성능이 제일 좋기 때문인데, 개발 된지 거의 150년이 넘어가지만 아직도 주류로 자리를 잡고 있다.

그 다음으로 많이 사용되는 분야는 태양광을 통한 백업용 전력저장 장치나(낮에 충전했다 밤에 사용하는) 골프카트, 모터보트, 오토바이 등 모터로 구동하는 소형 운송수단의 전원으로 사용되는 딥싸이클(Deep cycle) 배터리가 있는데, 자동차용 납축전지는 스타터 배터리(starter battery) 또는 크랭크 배터리(cranking battery)라고 부르고, 그 이외의 납축전지는 보통 딥싸이클 배터리라고 부른다.

(4) HESS(수소에너지)

수소에너지로 전력을 저장하는 방법을 HESS(Hydrogen ESS)라고 부른다. 전력에 여유가 있을 때 물을 전기분해해서 수소를 생산하고 이를 저장해 두며, 전력이 부족할 때는 저장해 둔 수소로 연료전지를 가동하여 전기를 공급하는 것이다. 수소에너지는 물, 유기물, 화석연료 등의 화합물 형태로 존재하는 수소를 연소시켜 얻어내는 에너지다. 물의 전기분해로 쉽게 제조할 수 있으며, 가스나 액체로 수송할 수 있고, 고압가스, 액체수소, 금속수소화물 등의 다양한 형태로 저장이 가능하다.

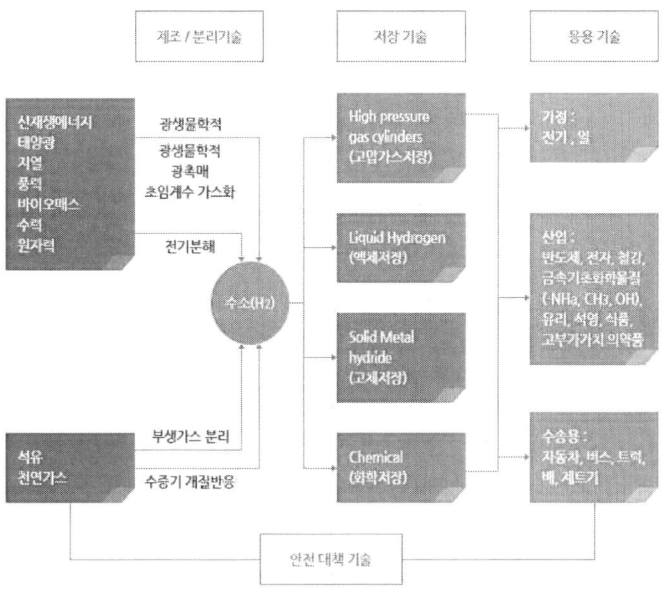

수소 에너지 시스템
이미지 출처: 한국에너지공단

수소에너지 기술은 크게 수소의 제조, 저장 및 운반, 이용으로 나눌 수 있는데 수소에너지 제조 기술은 수소제조의 원료인 물, 화석연료, 바이오매스 등으로부터 수소를 생산하는 기술이다. 현재는 석유, 천연가스, 석탄 등과 같은 화석연료로부터 수소를 생산하는 방법이 주로 활용 되고 있으나 광화학 분해, 광전기화학 분해, 수증기 분해, 열화학 분해 등을 통해 수소에너지를 생산할 수 있는 기술을 연구 중에 있다.

수소에너지 저장기술로는 고압 수소저장기술, 액체수소저장기술, 금속수소 화합물에 의한 저장 방법이 있으며 수소에너지 이용기술로는 연소용 연료로 사용하기 위한 내연기관, 제트, 로켓 엔진 및 스팀 터빈 연소기술이 있으며 특수한 방법으로는 촉매연소 방법이 있다.

수소에너지는 공기 중에 산소와 결합하여 연소하는 경우 물이 되기 때문에 배기가스 등 공해물질이 거의 생성되지 않아 환경오염의 염려를 줄일 수 있다. 또한 직접 연소하거나

연료전지의 연료로 활용하게 되면 전기에너지로 쉽게 전환하여 사용할 수 있으며, 자동차의 연료로 사용되는 경우에는 석유와 달리 연소를 통해 에너지를 얻는 원리가 아니기 때문에 소음이 적다.

수소는 가스나 액체로 만들어 수송할 수 있고 다양한 형태로 저장할 수 있는데 저장 시에는 높은 에너지 밀도를 가지며, 운반 시에는 전기에너지로 운송하는 것 보다 운송 손실을 1/10 정도로 줄일 수 있기 때문에 이동 손실률이 적다는 장점이 있으나 일상에서 사용하기에 용량이 너무 크고 압력이나 온도를 끌어 올려 액화하려면 많은 비용이 든다는 단점 때문에 현재 쉽게 상용화가 이루어지지 못하고 있다.

따라서 수소 전기 차, 수소전기트럭, 수소전기버스, 수소전기기차 등의 운송수단과 연료전지의 보급이 이루어진다면, 시장 규모는 더욱 커질 것이다. 대부분의 수소제조사는 국제적으로 확장해나가기 위해 공급계약에 주로 의존하는데, 화석연료에 비교하여 수소 생산비용의 증가, 적정한 수송 및 분배체계의 부족 등의 이유로 실패했을 때 산업체가 갖는 위험은 크기 때문이다. 수소충전소 등 수소시장 확대를 위한 위험 비용 분담이 민관이 합의되지 않으면 수소 공급 망 등 기반 구축이 어렵다.

수소 제조기술 분야의 원천기술 개발 및 화석연료의 공급 부족, 청정에너지 필요성 등으로 21세기 중반쯤에는 지속가능한 수소제조기술의 경제성이 확보될 것으로 예측하고 있다. 에너지로서의 수소 수요는 수소 전기 차, 수소전기버스, 포크리프트, 무정전전원장치(UPS) 등 순수한 수소를 사용하는 연료전지의 상용화 보급에 달려 있다. 수소를 저장할 용기나 압축기, 수소검지기에 대한 수요도 자동차 보급과 기반 확대에 따라 늘어날 전망이다.

수소 연료에 적합한 대용량 연료전지로는 인산형 연료전지와 고체산화물 연료전지가 있으며 이들의 발전효율은 50~60% 정도다. HESS의 경우 발전출력은 연료전지 스택이 결정하고 전력저장량은 수소탱크의 크기가 결정하는데. 대용량의 전력저장 장치를 만들기 위해서는 수소탱크만 더 크게 만들면 되며 저장된 수소는 손실이 없으므로 장기간 저장도 가능하다. 이처럼 HESS의 장점은 대용량 전력저장이 용이하다는 점이며, 단점은 전력저장 효율이 낮은 것이라고 할 수 있다.[47)]

(5) LiFePO4(리튬인산철전지)

리튬이온배터리의 대안으로 제시되는 리튬전지들은 전극의 소재를 무엇으로 하느냐에 따라 달라진다. 리튬이온배터리라는 큰 범주 안에 리튬인산철배터리가 포함되는 개념으로 통용되고 있다. 양극과 음극을 어떤 재료로 하느냐에 따라 붙인 이름이라는 것이다.

---

47) 한국전력 블로그 굿모닝 KEPCO!, ESS의 종류 <2> 화학적 방법을 이용한 ESS, 2019.02.01.

리튬인산철은 리튬이온 배터리의 한 종류다. 니켈·코발트·망간(NCM), 니켈·코발트·알루미늄(NCA) 등의 삼원계와 달리 인산, 철을 양극재로 쓴다. 삼원계 배터리와 비교해 안정성이 높다. 열폭주가 없어 전기차 전소가 거의 발생하지 않는다. 니켈이나 코발트를 쓰지 않아 가격도 저렴하다. 대신 무게가 무겁고 에너지 밀도가 낮아 전기차(EV) 1회 충전거리가 짧다.[48]

특히, 리튬인산철배터리는 12.8V로 구성되어 기존의 12V 납산배터리에 맞춘 설비를 대체했을 때 장점이 극대화 된다. 자동차, 캠핑카 등에서 널리 사용되는 12V 시스템 설비를 변경 없이 그대로 이용할 수 있기 때문이다. 다만, 리튬이온이나 리튬폴리머 전지보다 에너지밀도가 낮고 납산배터리보다 에너지 용량당 가격이 비싸다는 것이 단점으로 꼽힌다.

2020년에는 테슬라가 중국산 모델3와 모델Y에 CATL 리튬인산철 배터리를 탑재했고, 애플, 리비안 등 신규 업체들도 리튬인산철 배터리를 사용할 것으로 예상된다. 저렴한 가격, 높은 안정성, 빠른 충·방전 속도, 과거 삼원계 배터리 수준으로 높아진 에너지 밀도 등이 영향을 끼친 것으로 보인다.

에너지 전문 시장조사업체 우드맥킨지에 따르면 전 세계 배터리 시장에서 리튬인산철이 차지하는 비중은 지난 2015년 10%에서 오는 2030년 30%로 세 배 이상 성장할 전망이다. 같은 기간 동안 삼원계 배터리는 70%에서 30%로 비중이 줄어들 것으로 예측됐다.[49]

3) 전자기적 저장

(1) SMES(초전도 자기 에너지 저장 시스템)

초전도 자기 에너지 저장 시스템(SMES, Superconducting Magnet Energy Storage System)은 저항이 0인 초전도 코일에 전류를 흘려 자기장의 형태로 에너지를 저장한다. 일반적인 코일이나 토로이드 형태의 코일을 사용하는데. 작동 시 도선이 초전도 상태를 유지하도록 냉각장치를 꼭 가동해야 한다.

초전도 현상이란 어떤 물질을 일정한 온도보다 낮은 온도의 상태로 냉각시키면 전기저항이 0이 되는 물리적 현상을 말한다. 초전도를 일으키는 물체는 이 상태에서 대단히 큰 전류를 흘려줄 수 있기 때문에 매우 강력한 자석을 만들거나 전력손실이 없는 송전선을 만드는 데 쓰일 수 있다. 저장된 에너지는 초전도체의 전기저항이 0이기 때문에 영구전

48) 미디어디일렉, LG, 리튬인산철 배터리 개발한다, 2021.09.01.
49) 미디어디일렉, LG, 리튬인산철 배터리 개발한다, 2021.09.01.

류가 흐르게 되고 손실 없이 영구적으로 에너지를 저장할 수 있게 된다.

에너지 저장요소가 초전도 마그네트이기 때문에 다양한 장점이 있는데 첫 번째로는 효율이 높고, 에너지의 저장과 방출이 신속하게 이루어진다는 특징이 있다. 또한 유효전력, 무효전력을 각각 제어할 수 있고 수명이 반영구적인 시스템이다. 그리고 전력이 저장되면서 방출하는 물질도 없기 때문에 환경 친화적이라는 장점이 들 수 있다.[50]

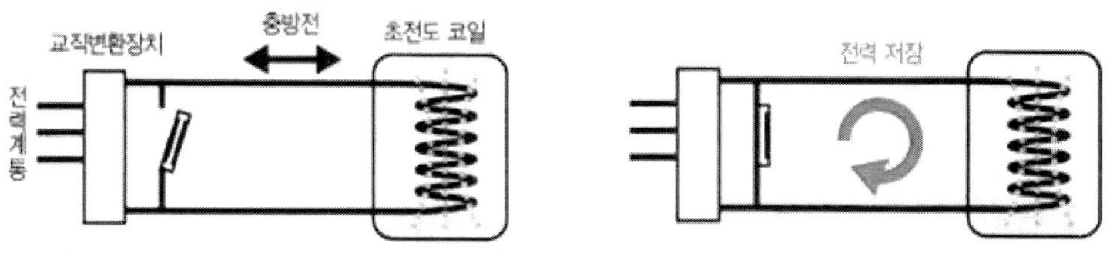

초전도 자기 에너지 저장 시스템
이미지 출처: i-매거진

SMES는 높은 출력을 낼 수 있고 응답속도가 매우 빠르며, 충·방전 속도 또한 빠르다. 단순히 전력을 저장하는 에너지저장 측면의 기능뿐만 아니라, 안정도 개선과 같은 제어성능의 고도화, 전력계통의 주파수 제어, 전력품질 보상 등 다양한 분야에 가용할 수 있는 기술이다. 하지만 에너지 밀도가 낮고 단가가 높다는 단점이 있다. SMES는 전력망의 순간 정전이나 전압 급락에 원활하게 대응할 수 있는데, 국내에서는 한국전기연구원(KERI)이 1초에 1.03 MW를 공급할 수 있는 SMES를 개발하기도 했다.[51]

(2) SCES(슈퍼커패시터 에너지 저장 시스템)

고출력과 장수명을 필요로 하는 에너지 저장 장치의 요구가 증가하면서 리튬이온 전지의 성능을 보완하는 장치로 슈퍼커패시터가 각광받고 있다. 슈퍼커패시터 에너지 저장 시스템(SCES, Super-Capacitor Energy Storage System)은 특정 유전체를 사용하여 정전용량을 극대화함으로써 양극판에 직류 전기 형태로 에너지를 저장하는 시스템이다. 슈퍼커패시터는 전극과 전해질 계면으로의 단순한 이온 이동이나 표면화학반응에 의한 충전 현상을 이용하는 에너지 저장장치로, 풍력, 태양광, 전기자동차 등에서는 고속 충방전 및 반복적인 충방전에 대응하는 고용량 에너지 저장장치로 쓰이고 있다.

50) 고경력과학기술인 Reseat, 초전도 에너지 저장
51) 한국전력 블로그 굿모닝 KEPCO!, ESS의 종류 <1> 물리적 방법을 이용한 ESS, 2019.01.

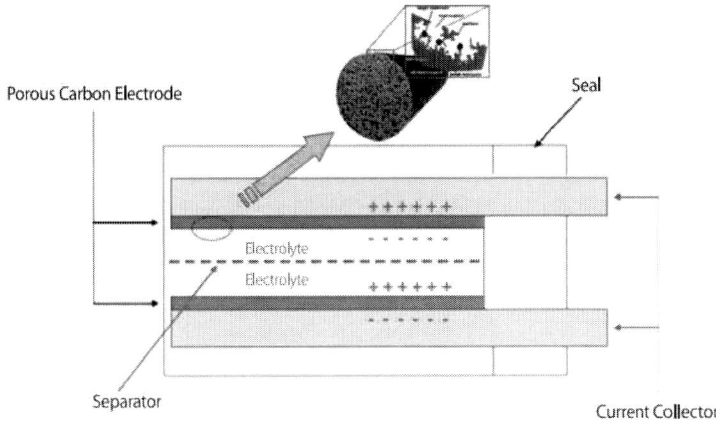

슈퍼커패시터 동작원리
이미지 출처: 한국과학기술정보원

기존의 커패시터는 용량이 작다는 한계가 있었고, 이차전지(리튬이온 배터리)는 고속 충방전이 어렵고, 반복적인 충방전으로 수명이 짧아진다는 단점을 가지고 있었다. 반면, 슈퍼커패시터는 일반 커패시터 대비 단위면적당 수십배 더 많은 에너지를 저장할 수 있고, 리튬이온전지와 비교할 때 고속 충·방전, 반영구적 수명 등의 우수한 특성을 가지고 있다.

이러한 특성으로 슈퍼커패시터는 미래 친환경 에너지 저장장치로 주목받고 있는데, 전 세계 시장규모 또한 2017년 31조 3600만달러에서 2023년 141조 1600만달러까지 급격히 성장할 것으로 전망된다.[52]

초기의 커패시터는 주로 작은 정전용량과 한정된 응용분야를 가지면서 소규모의 제한된 크기로 생산되었다. 주된 응용 분야는 시계, 완구, 메모리 백업 및 PC 메인보드 등에 사용되었다. 이후 고출력을 필요로 하는 기기의 등장으로 슈퍼커패시터 응용분야가 확장되면서 에너지 분야, 수송 분야, 소비 가전분야에 걸쳐 그 응용이 급속히 확대되고 있다. 친환경 에너지원을 이용하여 에너지 효율을 최적화하고자 하는 차세대 전력 망인 스마트 그리드 시스템 및 신재생 에너지의 확대에 따른 균일한 전력 제공의 필요성이 증대되고 있다. 이를 위해 거대 규모의 에너지 저장원이 필요하고 기존의 이차전지가 가지고 있는 특성으로는 이 분야의 역할을 수행하기에는 가격 및 용량면에서 한계를 지니고 있다.

그러나 슈퍼커패시터는 빠른 응답시간, 고에너지효율, 높은 출력밀도와 장수명의 특징을 가져 신재생 에너지 발전 및 스마트 그리드 분야에 가장 적합한 저장 장치로 기대되고 있다. 신재생 에너지는 시간대별로 생산할 수 있는 전력량이 일정치 않기 때문에 그리드(Grid)의 전력 품질 저하를 가져올 수 있으므로 부하평준화(Load leveling) 장치가 필요하다. 바로 부하평준화 장치로 슈퍼 커패시터가 적합하며, 고품질 전력저장장치 외에 회

52) 에너지신문, 친환경 에너지 저장창고, '슈퍼커패시터' 출원 활발, 2020.11.23.

생제동/가속용 전원 적용 등의 에너지 효율향상과 풍력발전기의 블레이드 피치 컨트롤 등과 관련된 신규 시장에서의 성장은 괄목할만하다.

수송 분야에서 슈퍼커패시터의 응용은 소형자동차에서부터 트럭, 버스와 같은 중형 수송 분야 응용에 이르기까지 다양하게 제안되고 있다. 낮은 에너지가 필요한 곳부터 엔진시동과 같이 고출력이 필요한 부문까지 다양하고, 기존의 내연기관 또는 연료전지 등과의 하이브리드 시스템 구성도 제안되고 있다. 이때 슈퍼커패시터는 단독으로 또는 앞서 설명한 LIC와 같은 하이브리드 커패시터를 사용할 수 있다. 이렇게 슈퍼커패시터를 적용하면 차량의 출력 및 동력계통의 효율 향상이 가능하고 전지의 수명을 연장할 수 있다.

특히 전기자동차 및 하이브리드카에서 슈퍼커패시터는 (i) 감속과 제동 시 에너지의 회수, (ii) 전지에서 감당하는 피크 수요의 분산, (iii) 연료 전지와 같은 전기발전기의 비용 절감 등 많은 기능을 수행하면서 유용하게 적용될 수 있다.

가전제품 분야에서는 스마트폰 중심으로 시장이 성장할 것으로 전망되며 전력 품질 향상이 탁월하기 때문에 TV나 복사기 등 순간응답형 디바이스 보조 전원으로 적용되고 있다. 최근 스마트폰용의 초소형 칩 타입의 제품이 개발되어 시장에서 활발히 수요가 증가되고 있으며, 그중에서도 칩 타입은 기존 코인타입에 비해 더욱 슬림해지고 생산방식 또한 간소화되어 휴대전화 등의 소형가전 메모리 백업용 전원으로서 기대된다.

특히 4차 산업혁명과 IoT 세계가 눈앞에 다가오면서 더욱더 다양한 전자 회로와 전원 공급 제품들이 우리의 삶에 다양하게 적용될 것으로 예상된다. 외부의 충격 등 사용 환경에 따라 디바이스의 전원이 불안정할 수 있는 상황 또한 발생할 것이다. 예로 휴대전화를 떨어트려 전원이 차단되는 등의 상황에서 슈퍼커패시터는 메모리 백업을 위한 비상 전원으로서 작동할 수 있을 것이다.[53]

---

53) 대학생신재생에너지기자단, 슈퍼커패시터, 어디까지 성장했나?, 2020.12.28.

5. 에너지 저장시스템(ESS) 트렌드

1) 기술 개발 트렌드

(1) 소재 개발 및 실증 전략

현재 국내 ESS 기술은 원천·부품소재 기술 수준, 실증 경험 측면에서 선진국보다 아직 열세인 상태에 있다. 리튬이온전지의 경우 최고 수준의 제조기술로 상용화 단계에 도달하였으나, 그 외의 기술은 아직 연구개발 단계로 전반적인 ESS 원천·부품소재 기술은 미흡한 수준으로 평가되고 있고, 전해액과 양극재를 제외한 소재의 국산화율은 20%도 못 미치는 수준이다. 주요 소재를 대부분 일본에서 수입하고 있기 때문에 리튬이온전지 생산량이 늘어날수록 일본 업체에 대한 종속도는 커질 수 있어 소재분야의 국산화가 요구된다.

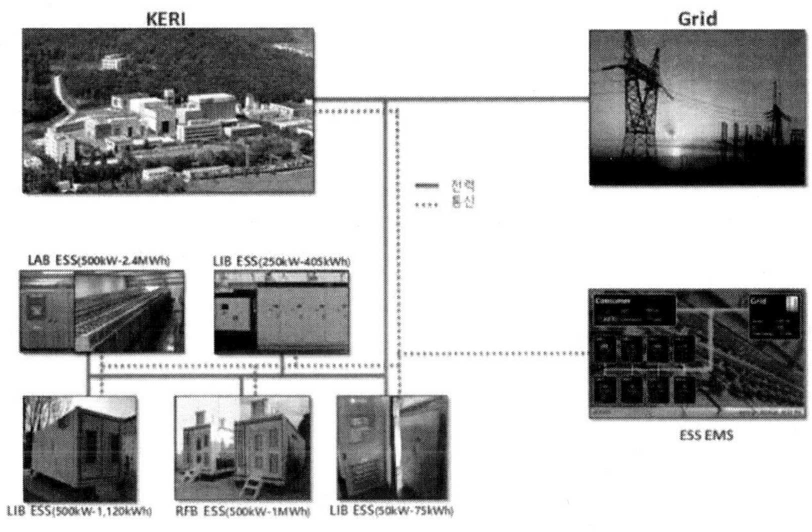

한국전기연구원의 수요관리용 ESS 실증
이미지 출처: 한국전기연구원

또한 경쟁력 강화를 위해서는 정부차원의 핵심소재의 국산화 개발에 대한 지원이 요구되고 있다. 2020년 산업통상자원부의 에너지기술개발 실행계획 안에 따르면 에너지 환경 변화에 대응하여 에너지 산업의 경쟁력을 강화하고, 새로운 성장 동력을 이끌 수 있는 총 60개의 세부사업을 선정하고 고출력·고신뢰성 차세대 ESS 기술개발을 추진한다고 발표했다.

또한 전력계통 안정화 및 직류·부하증가에 따른 보완기술과, PCS 및 에너지 신뢰성 확보를 위한 기술개발과 실증사업을 추진하고 클라우드 기반 ESS 진단·운영 서비스를 통해 리빙랩 형태의 국민 참여형 R&D를 추진한다고 발표했다.

(2) ESS 활성화를 위한 신재생에너지 기술 개발

전기부하 평준화를 위하여 IT기술이 접목된 ESS를 보급하면 유휴전력의 저장과 사용이 가능하여 전력예비력 확보가 용이하다. 신재생에너지는 입지환경이나 자연조건에 크게 영향을 받아 출력 변동이 심하여 연속 공급이 불가능하고, 에너지 생산시점과 수요시점의 시간차가 발생하게 되므로 신재생에너지 활성화를 위해 ESS 시스템이 중요하게 대두되고 있다.

2018년 한국시장의 ESS 수요급증은 피크 저감용 ESS와 신재생에너지 연계용 ESS의 성장을 견인하였고, 이는 경제성 향상을 야기한 정부의 정책 모멘텀에 기인한다. ESS 시장을 성장하게 만든 정부 정책은 크게 두 가지로 나누어진다. 첫째는, 피크 저감용 수요급증을 견인한 ESS 특례요금제로 ESS 활용을 촉진하여 전력수요 분산에 성공하였으며, 전력공급설비 투자에 따른 감가상각비 등 고정비 회수를 목적으로 하여 ESS 설치를 크게 증가시켰다. 둘째는, 신재생에너지 연계 ESS에 대한 REC 가중치 적용으로 총 발전량의 일정 비율을 신재생에너지로 공급하도록 의무화한 제도를 도입했으며, 이는 신재생에너지에 ESS를 설치하여 전력품질 향상 및 전력망 효율성을 제고하기 위한 목적에 기인한다.[54]

2) ESS 활용 분야 동향

(1) 피크 감축

계절별 수요에 따라 전력 부하를 관리하여 발전소와 송·배전설비의 이용률 향상을 위해 야간에 유휴전력을 저장하였다가 주간에 사용하는 부하평준화 등을 통해 전력운영의 최적화에 기여하며, ESS 설치 시 최대 사용 전력량을 감소시켜 사용자에게 전기요금 할인 등 경제적 이익을 제공한다.

(2) 재생에너지 간헐성 보완

ESS 설치로 재생에너지 발전원의 출력을 안정화 할 수 있으며 최대 부하 관리가 가능하고 출력변동성이 심한 재생에너지(태양광, 풍력)에서 발생된 전원 출력을 고품질로 전환하여 전력망에 연계함으로써 전력망의 안정성과 신뢰도를 향상시킨다. 또한 정부의 재생에너지 3020 정책에 따라 발전사업자들의 재생에너지 공급의무화 제도(RPS, Renewable Portfolio Standard)의 이행이 강화되면서 재생에너지 연계용 ESS 수요가 확대되고 있다.

---

[54] 한국IR협의회, 에너지저장장치(ESS), 2020.07.09.

한국전력은 2022년 신재생에너지 간헐성 극복을 위해 하이브리드형 ESS를 개발한다고 밝혔다. 신재생에너지의 간헐성을 극복하기 위해 주파수 조정용 ESS를 단독으로 사용할 경우, 잦은 주파수 변동으로 충·방전 횟수가 증가해 배터리 화재와 수명 단축 등의 문제가 발생한다. 이를 해결하기 위해 다양한 설치환경에 적합한 하이브리드 형태의 ESS 개발이 요구된다.

슈퍼커패시터와 배터리의 협조 운전을 실제 계통에 실증하는 기술은 선진국에서 시도됐으나, 아직 실증단계까지는 도달하지 못했다. 한전 전력연구원에서는 100kW급 그래핀 슈퍼커패시터 기술 개발 경험을 바탕으로 계통연계 시스템의 경제적인 사업화 모델을 추진 중이다.

또한 2023년까지 슈퍼커패시터의 에너지 밀도를 2배 이상 향상해 30초 이상 MW급 출력을 낼 수 있는 고용량 시스템을 개발할 예정이다. 또한 사업화 모델을 확보해 한전의 기술적 우위와 다양한 수요 기반을 바탕으로 세계 시장 선점을 위한 전략적 아이템으로 활용할 계획이다.[55]

(3) 주파수 조정

수요와 공급의 불일치로 발생하는 주파수 변동에 대응할 수 있는 수단으로 ESS가 활용되고 있으며, 활용 예를 살펴보면 기존 화력 발전기는 실시간으로 변하는 주파수를 일정 범위 내(기준 주파수 60Hz)에서 유지하기 위해 전체의 5% 용량을 주파수 조정용으로 대기시켜 운전하게 된다.

주파수 조정용 예비력을 ESS 충·방전으로 대체하면 기존 화력 발전기를 100% 고정출력으로 운전할 수 있어 전력생산비용을 절약할 수 있을 것으로 분석되며, 미국, 칠레 등은 ESS 주파수 조정의 유용함을 인식하고 2010년대 초부터 대규모 상업운전을 개시하고 있다.

한국전력의 주파수 조정용(F/R) 실증사업이 ESS 수요의 대부분을 차지하고 있었기 때문에 송/배전 관련 사업을 영위하는 중전기기 및 PCS 업체들이 프로젝트를 주도함에 따라 대형 ESS 제품 수요가 늘어나고 있다.

전력전자기기 제조사 및 중전기기 제조사가 주 생산업체로서, 설치비용 절감을 위한 시스템 개발과 고에너지 밀도가 요구된다. 중대형 ESS는 프로젝트 단위로 진행되기 때문에 사업자가 배터리 공급자, PCS 공급자 등을 함께 구성하여 입찰에 참여하고 있다.

---

55) 한국전력, 신재생에너지 간헐성 극복 위해 하이브리드형 ESS 개발한다, 2022.05.24.

3) 폐배터리 활용 ESS

전기차 수요가 증가하면서, 늘어나는 폐배터리에 대한 관심이 높다. 전기차에서 수명을 다한 배터리를 에너지저장장치(ESS, Energy Storage System)로 재활용하는 UBESS(Used Battery Energy Storage System)가 주목을 받고 있다.

세계적으로 전기차 비중이 급격히 늘고 있다. 블룸버그 NEF(New Energy Finance)의 전망에 따르면, 전 세계 전기차 판매량은 연 29% 수준으로 성장해 2030년 약 3천만 대에 이르게 된다.

전기차 배터리의 사용주기는 7~10년으로, 초기 용량 대비 70% 수준 이하가 되면 주행거리가 감소하고 충전 속도가 저하돼 교체가 필요하다. 환경부는 2030년 연간 폐배터리 배출 개수는 약 11만 개, 전체 누적 개수는 약 42만 개에 달할 것으로 보고 있다.[56]

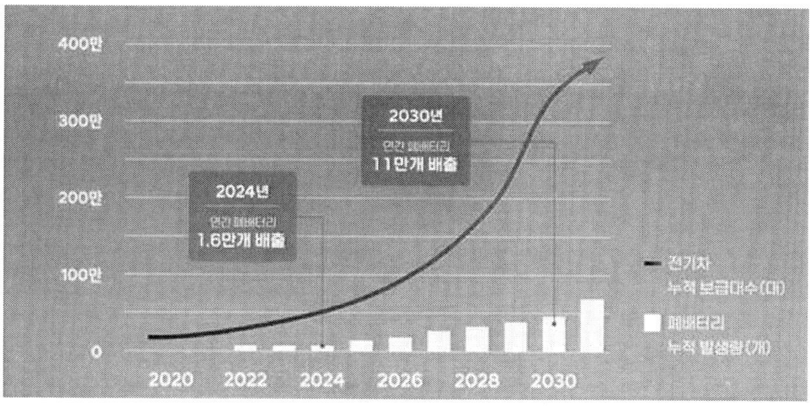

전기차 폐배터리 증가율
이미지 출처: 현대자동차

가정에서 다 쓴 건전지를 분리배출해야 하는 것처럼, 자동차용 폐배터리 또한 일반 쓰레기와 분리하여 처리해야 한다. 자동차용 배터리는 니켈, 리튬, 코발트, 망간 등의 금속류와 폴리머 전해질로 구성되어 있어 일반 쓰레기와 함께 매립할 경우 토양·지하수를 오염시킬 수 있고, 소각할 경우에는 폭발이나 유해가스를 방출할 수 있다. 따라서 새로운 활용처가 필수적이다.

전기차에서 사용이 끝난 배터리 내부에는 에너지를 충분히 저장할 수 있는 용량이 아직 남아 있어 최소 3년~최대 10년까지 활용이 가능하다. 이러한 배터리의 잔여 용량을 활용할 수 있는 대표적인 방안이 ESS(Energy Storage System)다.

---

56) 현대자동차, 전기차 폐배터리의 가치를 높이는 재활용 솔루션, UBESS, 2021.08.03.

폐배터리 여러 개를 활용해 ESS 설비를 구축한 다음 전력을 저장해두면 가정, 빌딩, 공장 등에서필요로 할 때 안정적인 전력 공급이 가능하다. 이 경우 신재생에너지의 단점 또한 보완할 수 있다. 태양광, 풍력 등의 재생에너지는 자연으로부터 에너지를 생산하는 방식이다 보니 전기를 규칙적으로 생산하는 데 한계가 있다. 이때 ESS를 함께 활용하면 전기 공급을 안정화할 수 있다. 실제로 ESS와 재생에너지를 연계한 설비 조합이 전력 시장에서 새롭게 주목을 받고 있다.

2019년 기준 전기차 배터리 재활용 시장 규모는 약 1.6조 원이며, 2030년에는 약 20조에 이를 것으로 예상된다. 실제로 주요 선진국들은 폐배터리 재활용 기술 개발에 박차를 가하고 있으며, 국내에서도 정부와 기업 차원에서 규제 개선과 기술 개발을 위해 노력하고 있다.

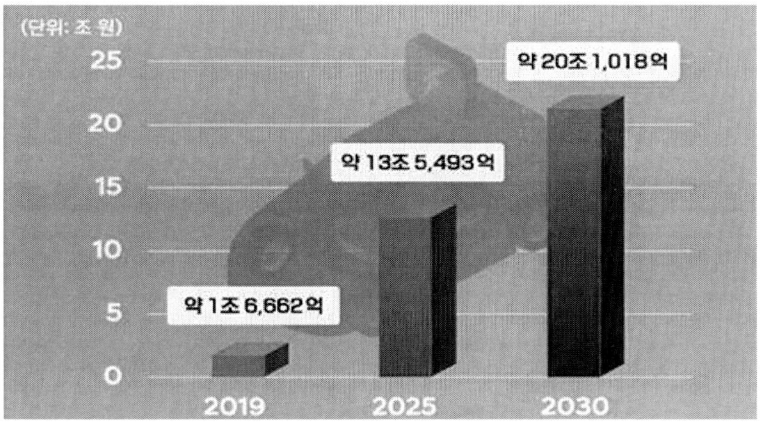

세계 전지차 폐배터리 시장규모
이미지 출처: 현대자동차

현대자동차그룹은 사용 후 배터리로 에너지저장장치를 만드는 UBESS 로드맵을 수립하고, 향후 생산할 배터리팩 형상을 고려한 기술 개발 및 제품군 확보에 앞장서고 있다. 새 배터리가 아닌 사용이 끝난 단계의 배터리로 ESS를 만들기 위해서는 배터리 상태 진단이 매우 중요하다. 이를 위해 현대자동차그룹은 배터리의 성능과 수명을 평가하고 예측하는 기술을 개발 중이다.

SK온은 폐차된 전기차에서 수거한 배터리로 (주)케이디파워와 ESS를 구축하고, 향후 2년동안 SK에코플랜트가 건설중인 경기도 안양 아파트단지 현장 임시동력설비에 ESS를 설치해 공동 운영하면서 실증 과정을 거치기로 했다.

또한 한국전기안전공사는 설치된 재사용 ESS를 수시로 안전 점검하고 향후 재사용 배터리를 활용한 ESS 산업이 확대될 수 있도록 관련 세부 기술기준을 마련키로 했다.[57]

---

57) 에너지신문, SK온, 전기차 재사용 배터리로 '친환경 ESS' 구축, 2021.11.29.

전라남도가 출연한 에너지 전문 연구기관, 녹색에너지연구원도 수명이 다한 전기차 배터리를 에너지저장장치(ESS)로 재활용하는 기술을 개발하고 있다. 녹색에너지연구원은 순환 생태계 기반을 구축하고 환경문제를 해소하기 위해 사용 후 전기차 배터리를 태양광과 연계해 2MWh급 에너지저장장치(ESS)로 재활용하는 방안을 연구하고 있다.

나주혁신도시에 구축된 에너지밸리의 태양광 발전시설과 연계해 전기차 사용 후 배터리를 활용, 2MWh급 에너지저장장치 기술개발과 실증을 통해 최적화된 운영 방안을 찾고 시험 인증 체계를 갖추게 된다. 특히 수명이 다한 전기차 배터리를 활용한 에너지저장장치 기술을 개발해 배터리 재활용으로 환경문제를 5~7년 유예하고 폐배터리 재사용과 재제조로 신품의 30% 가격으로 공급하는 것을 목표로 삼고 있다.[58]

4) 가상발전소(Virtual Power Plant)로 성장하는 ESS

태양광, 풍력 등 신재생 에너지는 발전량이 일정치 않은 에너지원이라는 단점을 가지고 있다. 여기 저기 분산되어 있기 때문에 원활한 전력 공급을 위해서는 이를 통합할 필요가 있다. VPP는 비상용 발전기, 신재생에너지 설비, 소규모 발전소, ESS 등 다수 분산 전원을 클라우드 기반 소프트웨어를 통해 하나로 묶어 마치 하나의 발전소처럼 운영이 가능하게 한다.

버추얼파워플랜트(Virtual Power Plant)도 사물인터넷의 발전과 함께 주목받는 영역이다. 버추얼파워플랜트는 전력회사의 송배전망에 접속 되어 있는 자가발전, 저장장치 등의 분산형 에너지 자원(Distributed Energy Resources)을 네트워크로 연결해 집적하여 가상 발전소로 가정 하고 활용하는 사업형태이다. 버추얼파워플랜트 대상은 일반 가정의 히트 펌프, 연료전지, 고정형 저장장치 등의 소형기기로까지 확대될 것이며, 전기자동차 등의 이동체가 지닌 배터리도 집적하는 방향으로 추진될 것이다.[59]

신재생에너지는 바람이 불지 않거나, 흐린 날에는 출력이 떨어지고, 필요한 시점에 전력을 생산하기 어려울 수 있다. 신재생 에너지원의 불확실한 발전량은 적정 규모의 전력망 투자와 효율적 운영을 어렵게 할 수 있다. 가상발전소는 이러한 문제를 해결하기 위한 대표적인 방법이다. 다양한 유형의 분산 에너지원을 정보통신기술(ICT)을 이용해 통합 운영함으로써 중앙급전발전기와 같이 유연하면서도 제어를 쉽게 하기 위한 기술이다.

현재 국내에서는 급전지시를 받는 발전소가 300여개에 이른다. 그러나 태양광, 풍력, 바이오매스와 같은 소규모 재생에너지와 소형 열병합, 고정형 저장장치, 전기차 배터리를 추기 고려하고, 수요반응 자원까지 종합직으로 관리한다고 가징할 때에는 제어하고 조율

58) 아주경제, 전기차 폐배터리 ESS로 재활용 가능?, 2022.03.22.
59) 에너지설비관리. 2019.

할 대상이 수백만 개로 늘어나게 된다. 여기에서 중요한 점은 버추얼파워플랜트의 요소가 될 수 있는 각 자원들이 네트워크로 연결되어야 하고, 그 자원들을 제어할 수 있는 소프트웨어가 필요하다는 것이다. 소규모 자원들을 엮어 하나의 대형 발전소처럼 운영한다는 차원에서 명명된 버추얼파워플랜트는 고도화된 스마트 그리드 애플리케이션이자 에너지 부문 사물인터넷 활용의 핵심이라고 볼 수 있다.[60]

가상발전소 개념도
출처: KERI

세계 각국이 탄소중립을 목표로 온실가스 배출이 없는 태양광·풍력 등 재생에너지 비중을 확대하면서 전력망이 기존 '중앙집중형'에서 '분산형'으로 바뀔 것이란 전망이 나온다. 기존에는 석탄화력발전소나 원자력발전소에서 대량으로 생산하는 전력을 중앙공급식으로 전달해왔다면, 앞으로는 각 지역에서 소규모로 생산되는 재생에너지가 다양한 방식으로 유통될 것으로 전문가들은 예상한다.

일명 '스마트 그리드'라고 불리는 차세대 전력망으로, 태양광·풍력 등 재생에너지와 에너지저장장치(ESS)가 융합된 형태다. 태양광의 경우 개인이나 기업이 소규모 설비를 설치해 전력을 생산한 뒤 남은 전력을 ESS에 저장했다가 시장에 사고팔 수 있게 된다.

한화솔루션은 최근 유상증자와 그린본드 발행으로 조달한 1조5000억원을 차세대 태양광·수소 기술은 물론 VPP 사업에 투자한다고 발표했다. 그 일환으로 지난해 미 에너지 소프트웨어 업체 그로윙 에너지 랩스(GELI·젤리)를 인수했고, 향후 VPP 관련 기술 업체

60) 한국전기연구원, 2018.

의 추가 인수에도 나선다. 젤리는 데이터 분석 기술을 통해 태양광 발전설비와 ESS를 제어하는 에너지 관리 시스템을 개발해 판매하는 기업이다.

에너지 기업들이 가상발전소(VPP) 사업에 눈독을 들이는 이유는 수익성이 높기 때문이다. 태양광 패널을 파는 것보다 태양광으로 생산한 전력을 구독 서비스로 판매하거나 이를 활용한 사업을 추진하면 더 큰 부가가치를 창출할 수 있다는 게 업계의 설명이다.

미 전기차 회사 테슬라도 2022년까지 호주에 세계 최대 규모의 VPP를 구축한다는 계획을 세웠다. 테슬라는 남호주 5만여개 주택에 250MW급 태양광 발전기를 설치하고, 전력 생산과 판매에 나선다는 방침이다.

테슬라의 호주 가상발전소 이미지
이미지 출처: 테슬라

해당 사업에는 총 8억달러가 투입된다. 테슬라는 미 스웰 에너지와 손잡고 뉴욕 퀸스 지역에도 VPP 사업을 운영하기로 했다. 회사 측은 "VPP 사업을 통해 소비자는 전기요금을 절감할 수 있고, 평소 남아도는 전력을 저장했다가 정전 등의 비상 상황에 쓸 수 있어 전력망의 안정성을 높이는 데 기여한다"고 말했다.[61]

5) 국내 ESS 지원 정책

화재사고로 주춤해진 ESS 시장을 활성화하기 위해 정부는 이에 대한 보상안을 마련했다. 잇따른 화재사고로 대형 인명피해가 우려되어, 정부 측에서는 사업장내 ESS의 가동중단을 요청한 바 있다. 이에 2020년 11월, 'ESS 가동중단 손실보전 위원회'를 운영해 보상방안을 확정했고, 정부 권고에 따라 최소 1개월 이상의 가동중단 기간을 가진 사업장에 대하여 인정 기간만큼 전기요금 할인특례 기간이 연장되었고 추가 신재생에너지 공급인증서(REC)가 발급되었다.

---

61) 조선비즈, 2021.04.16.

ESS 설치 장려를 위한 지원책도 꾸준히 진행 중이다. 한국에너지공단에서는 2020년 에너지신산업 기반구축사업의 일환으로, '중소기업 배터리 사용 ESS사업장 안전조치 지원사업'과 'ESS+EMS 융합시스템 보급지원사업'을 진행하였다. 안전조치 지원사업에서는 ESS 화재사고 예방조치를 위해 공통안전조치 및 소화설비보강 이행을 위한 설치비용을 일부 지원했다. 융합시스템 보급지원사업은 초기 투자부담이 높은 ESS와 EMS의 설치비를 보조하는 것으로, ESS 보급 초기시장을 창출하고 성공사례를 통해 ESS+EMS 융합시스템이 확산되는 것을 목표로 진행되었다. EMS는 에너지 흐름 제어를 통해 에너지 저장 및 소비를 관리하는 시스템으로, ESS+EMS융합시스템을 통해 에너지를 효율적으로 사용할 수 있다. 올해 들어서는, 이에 대한 지원비율을 높였다.

또한, 기존 대상이었던 공업•상업시설과 주거시설 외에도 변동성 재생에너지 발전에 따른 제약 완화를 목적으로 하는 융합시스템과 ESS 재사용을 통한 융합시스템이 새롭게 추가되어 지원 범위가 확대되었다. 한편, ESS에 대한 정부 지원이 부족하다는 지적도 나오고 있다. ESS에 대한 전기요금 할인특례의 경우 기존 3배수에서 1배수로 대폭 축소되었으며, 2021년 6월 발표된 신재생에너지 설비 REC 가중치 개정안에 따르면 태양광연계 및 풍력연계 ESS의 REC 가중치 부여기간이 종료되어 지원 대상에서 삭제된다.

게다가, 화재 예방을 위한 안전대책으로 ESS 신규설비 충전율을 80~90%로 제한하게 되면서 수익이 하락하여 ESS 설치 유인이 감소하게 되었다. 이러한 상황 속에서, 2021년 6월 열린 '제2차 탄소중립 표준화 전략 협의회'에서 공개된 탄소중립 표준화 아이템 중, 에너지 전환 분야에서 ESS 계통연계요건 및 연동운전이 포함되었다. 이를 통해, 정부가 ESS를 탄소중립 실현 핵심 아이템으로 주목하고 있음을 알 수 있다.[62]

또한 정부는 2023년 말 'ESS 산업 발전전략'을 발표하여 2036년까지 세계 시장점유율 35% 달성을 목표로 설정했다. 이를 위해 삼원계 배터리 기술의 초격차를 유지하고 LFP 배터리 양산을 확대하며, 흐름전지와 나트륨황(NaS) 등 차세대 장주기 저장 기술 육성에도 집중하기로 했다. 아울러 11차 전력수급기본계획(2022~2038)에서는 2038년까지 장기 ESS 23GW를 구축 목표로 제시했으며, 2029년까지 2.29GW(기가와트급) 규모의 ESS 설치를 계획하고 있다. 공공 부문에서도 '공공기관 ESS 설치 의무화 제도'를 도입하여 계약전력 1MW 이상(신축 2MW 이상)인 공공청사와 지자체 건물에 ESS 설치를 의무화하고, 우수 사례를 발굴·공유 중이다. 또한 정부는 ESS 사업자를 위한 금융·세제 지원, ESS 연계 태양광 발전 사업 보조금 지급, 중소기업 ESS 설치 지원 등 다양한 인센티브를 제공하고 있다. 예컨대 재생에너지 신산업 공모사업이나 지역에너지투자 사업을 통해 ESS 구축비용 일부를 지원하며, 중장기적으로 배터리 R&D와 생산 지원도 강화하고 있다.

62) 한국에너지정보센터, ESS, 나를 잊었나요? 앞으로 우리가 나아가야 할 방향, 2021.08.31.

Ⅳ. 시장 동향

1. ESS 국내 기업 현황

LG에너지솔루션은 ESS 시스템 통합 전문 기업인 미국 NEC에너지솔루션의 지분 100%를 인수를 계기로 ESS 통합 서비스에 출사표를 던졌다. 단순 배터리 공급을 넘어 대규모 ESS를 직접 구축하고 사후 관리하는 사업 경쟁력까지 확보한다는 것이다.

LG전자 컨테이너형 상업용
에너지저장시스템
이미지 출처: LG전자

미국에 본사 및 연구개발 센터를 두고 있는 NEC에너지솔루션은 호주, 런던, 브라질 등 세계 곳곳에서 ESS 통합 서비스 프로젝트를 140건 이상 수행했다. 2020년 매출액은 약 2400억원(약 287조 2560억원)으로 최근 3년간 연평균 60% 수준의 고성장을 이어왔다.

LG에너지솔루션은 'LG에너지솔루션 버테크'라는 신규 법인을 통해 배터리부터 ESS 사업 기획, 사후 관리까지 자체 사업 역량을 확보해 대규모 ESS를 직접 구축할 수 있다는 점에서 프로젝트 수주 경쟁력을 높일 수 있을 것으로 기대하고 있다. ESS 프로젝트 원가의 50% 이상을 차지하는 배터리 관련 수급 이슈 없이 고객 대응이 가능하고 배터리 및 시스템 통합 설계를 통한 최적의 ESS 시스템 구축이 가능하다는 것이다. [63]

롯데케미칼은 바나듐이온 배터리 연구 개발 · 제조사인 스탠다드에너지에 지분을 투자해 ESS 시장을 공략한다고 밝혔다. 바나듐이온 배터리는 물 기반 전해액을 사용, 발화 위험성이 차단된 배터리다. 높은 안정성과 뛰어난 내구성으로 고효율 및 고출력이 가능하며 산업용 · 가정용 등 ESS의 차세대 배터리로 주목받고 있다.

지난해 말에는 두산중공업이 미국 자회사인 두산그리드텍과 함께 호주에서 약 1100억원 규모의 ESS를 수주했다. 수도 캔버라가 있는 수도특별자치구의 제라봄베라 지역에 EPC 방식으로 2023년 3월까지 ESS를 설치하는 사업이다.

63) 데일리동방, "재생에너지가 뜬다" ESS 시장 선점 경쟁 후끈, 2022.02.08.

한화솔루션 큐셀 부문은 미국 텍사스주 북동쪽에 자리한 헌트 카운티에 건설될 스푸트니크 ESS 단독 단지 개발을 진행한다. 이는 한화큐셀이 진행하는 최초의 ESS 단독 개발이다. 또 ERCOT가 운영하는 유틸리티 급 ESS 시장에 참여하여 텍사스 주의 전력망 안정화에도 기여할 전망이다.[64)]

삼성SDI의 ESS 기술은 이미 글로벌 수준이다. 삼성SDI는 세계 최고의 소형 리튬이온 이차전지 기술을 바탕으로 2011년 리튬이온 에너지저장시스템 사업을 본격적으로 추진했다. 소형 이차전지 사업부터 이어 온 이차전지 안정성을 기반으로 사업 시작 3년 만에 업계 1위로 오른다. 전기자동차에 공급되는 배터리와 동일한 배터리를 에너지저장시스템에 사용하며 에너지저장시스템 품질 신뢰성을 제공하고 있다. 그 뿐만 아니라 국가별 최적화된 솔루션을 바탕으로 유럽의 전력 및 가정용, 미국의 상업용, 일본의 가정용 등의 시장에서 경쟁사보다 빠르게 시장을 개척할 수 있었다. 삼성SDI는 2021년 가정용과 무정전전원장치(UPS)용 등 고부가 ESS 판매를 늘리면서 매출을 큰 폭으로 늘렸다.[65)]

2. ESS 해외 현황

1) 미국

2021년 미국의 에너지 저장 시스템(ESS) 시장이 폭발적으로 성장했다. 에너지 조사기관 Wood Mackenzie에 따르면, 미국의 2021년 ESS 시장 규모는 55억 달러에 이르는 것으로 집계됐는데 이는 2020년 대비 3배 이상 성장한 액수이다. 이처럼, 미국 ESS 시장이 폭발적으로 성장할 수 있었던 이유는 탈탄소화에 따른 재생에너지 확대, 정부의 ESS 활용 권고, 글로벌 리튬 배터리 가격 인하 등으로 분석된다.

미국의 재생에너지 생산량은 향후 가파른 속도로 증가할 것으로 전망된다. EIA(미국 에너지 정보청)는 2050년까지 전체 전력에서 재생에너지가 차지하는 비율이 2020년 21%에서 2050년 42%로 증가할 것으로 예상했다. 2030년에는 재생에너지가 천연가스를 넘어서 미국의 주요 에너지원으로 자리 잡고 2040년에는 태양열 에너지가 풍력 에너지를 넘어 미국 최대 에너지원으로 자리매김할 것이다. 결국, 태양열 에너지에서 생산된 전력을 안정적으로 공급하기 위해서는 주택이나 건물마다 ESS가 필요하므로 향후 미국 ESS 시장의 성장이 예견된다.

미국에서도 ESS는 비교적 새로운 기술에 속한다. 이 때문에 미국은 주 정부 차원에서 에너지 저장장치 설치에 대한 목표를 설정하는 경우가 많다.

64) 이투데이, 4배 이상 투자 증가한 ESS, 2022.01.23.
65) 삼성SDI, ESS

캘리포니아는 2010년 제정된 법률에 따라 2020년까지 1,325MW의 추가 에너지 저장장치 설치 목표를 고안했다. 2020년 기준 캘리포니아에는 506MW의 에너지 저장장치가 운영되고 있으며 추가로 1,027MW 규모의 ESS 도입을 준비 중이다. 캘리포니아는 재생에너지 전력 생산 비중이 높은 지역이기도 하다. 그 때문에 ESS 수요가 많다. 캘리포니아는 2045년까지 탄소 제로를 목표로 하며, 재생에너지의 생산 비중은 높이면서 석탄화력발전소를 활용한 전력 비중을 2007년 17%에서 2020년 2.7%까지 낮추었다. 미국 전체 석탄 화력 발전 전력 비중이 30%인 것과 비교해 큰 차이를 보이고 있다.

뉴욕도 2030년까지 3,000MW의 추가 ESS 설치를 목표로 하고 있다. 2020년 현재까지 뉴욕은 93MW 규모의 ESS를 도입했으며 1,076MW 규모의 ESS를 추가 도입하기 위해 준비 중인 것으로 알려졌다. 이 밖에도 매사추세츠, 뉴저지, 버지니아, 오리건 등이 주 정부 차원의 ESS 도입 목표를 내걸었다.

미국 주요 지역 ESS 도입 목표

자료: KOTRA

지역	목표
뉴욕	2030년까지 3,000MW ESS 도입 목표
메사추세츠	매사추세츠 에너지자원부 2025년까지 1,000MWh ESS 도입 목표
뉴저지	청정에너지법(Clean Energy Act, P.L.)을 통해 2030년까지 2,000MW ESS 도입 목표
버지니아	2035년까지 3,100MW ESS 도입 목표
오리건	2015년 하원 법안을 통해 주내 최대 전력업체 Portland General Electric 및 Pacific Power가 2020년 1월까지 각각 5MWh의 저장에너지 용량을 조달할 수 있도록 규정. 두 기업 모두 현재 5MWh의 작동 배터리 저장 용량을 달성하지 못했지만 두 회사 모두 향후 지역 재생에너지 프로젝트(Wheatridge renewable energy facility) 등에 ESS 도입 예정

ESS용 배터리 가격 하락도 미국의 ESS 시장 성장을 견인하는 이유 중 하나이다. BloombergNEF 데이터에 따르면, 2010년 킬로와트시당 1,200달러 이상이었던 리튬 배터리 팩이 2021년 약 132달러까지 하락했다. 리튬 이온 배터리는 ESS를 구성하는 주요 요소인데 리튬 배터리 가격 하락이 ESS의 가격 경쟁력을 키웠다.

미국의 ESS 기업 Key Capture Energy는 현재 370MW 규모의 ESS 프로젝트를 진행 중인데 작년 이 때쯤 기준, 54MW와 비교해서 크게 성장했다. 리튬 배터리 가격 하락으로 과거 수익성이 낮았던 오클라호마, 미시간까지 사업을 확장할 수 있었던 것이 회사의 성장 배경이다.

정부 차원의 ESS 각종 세제 혜택도 ESS의 가격 경쟁력을 키웠다. 현재 미국 연방정부는 태양열 재생에너지와 연계된 배터리 저장장치에 대해서 26%의 세금 공제 혜택(ITC)을 지원하고 있다. 연방 정부 세금공제 혜택은 향후 2년에 걸쳐 2022년 22%, 2023년 10%로 축소되며 주거용 ESS 세금공제 혜택은 2023년부로 전면 중단될 예정이라 세금공제 혜택을 받기 위한 기업들의 ESS 도입이 적극적이다.

연방정부의 지원 외에 주 정부별 ESS 도입 혜택도 다양하다. 캘리포니아는 Self-Generation Incentive Program(SGIP)를 통해 설치된 에너지 저장장치에 대해 킬로와트당 1달러의 리베이트를 제공한다. 메릴랜드는 ESS 도입 비용의 30%(가정용 배터리의 경우 최대 5,000달러, 상업용 배터리의 경우 최대 15만 달러)의 세금 공제를 제공한다.[66]

2) 인도

인도정부의 공격적인 신재생에너지 보급정책에 따라 ESS 수요도 증가할 것으로 예상되며, '22년까지 약 70GW 규모의 ESS 수요가 전망된다. 인도 신재생에너지부(MNRE)는 매년 ESS 관련 사업을 발주하며, 주요 발주내용은 ① 대규모 태양광 및 풍력 송전망, ② 내륙지역 마이크로 그리드, ③ 상업용 마이크로 그리드, ④ 대규모 독립형 ESS 사업 등으로 구성되어 있다.

미국 AES와 일본 Mitsubishi는 수도 뉴델리 지역의 배전 사업자인 Tata Power Delhi Distribution Ltd.로부터 인도 최초의 10MW급 대규모 에너지 저장설비 건설사업을 수주 및 추진 중('18년 1월~)이다. 인도 현지 배터리 및 ESS 기업으로는 Delta Electronics India(인버터, 충전기, 배터리커버셀, 캐비닛 컨테이너), AMCO, Artheon Electronics Ltd., Arise India Ltd., Base Batteries, Eastman Auto&Power Ltd. 등이 있다.

EMS 시장을 살펴보면 2016년 기준 인도 EMS 시장규모는 6.35억 달러이며, '23년까지 연평균성장률 19.1%를 기록하며 21.45억 달러로 성장할 전망이다. 인도 스마트시티 구축 프로젝트가 진행되면서 지자체를 중심으로 수요가 확대될 것으로 보인다. 스마트시티의 주요 목표 중의 하나로 효율적인 에너지 관리를 내세우고 있으며, 가정용, 건물, 산업용 에너지 관리시스템(EMS)을 스마트시티에 적극 도입한다는 계획이다. 가정용(HEMS), 건물용(BEMS), 산업용(IEMS) EMS 중 산업용 수요가 약 62.5%를 확보하고 있다.

주요 기업 동향을 살펴보면 Schneider Electric, Siemens 등 글로벌 기업뿐만 아니라, 현지기업인 Elconn, Energy Management Solution of Inida, HPL 등의 진출도 활발한 상황이다. Elconn 社는 병원, 은행, 호텔 등 상입용 건물 및 산입용 건물에 전력관리 및 에너지절감솔루션을 제공한 경험을 토대로 적극적으로 사업을 확장시키고 있다.

---

66) KOTRA 해외시장뉴스, 미국의 차세대 전력망 ESS 도입, 2022.01.13.

3) 독일

독일은 전력의 1/3 이상이 신재생에너지원을 통해 생성되며 그 중 절반 이상이 태양광과 같은 불규칙적인 발전으로 생성되고 있어 ESS 수요가 매우 높다. 독일 ESS 시장 규모는 '25년까지 약 133억 유로로 성장 전망되며, 되며, 특히 가정용 ESS 부문에서 글로벌 시장을 선도하고 있다. ('15년 독일 ESS 시장규모: 39.2억 유로) 독일 정부는 '22년까지 진행되는 탈원전 계획에 따라 신재생에너지원 확충 및 ESS를 통한 신재생에너지원 효율성 제고 등 적극 추진 중이다.

독일을 필두로 한 유럽에서는 '가정용 ESS'의 성장세가 눈에 띈다. 2019년 EU PD 리서치에 따르면 지난 한 해 독일에선 4만 5000여대의 가정용 저장설비(residential storage system)가 설치됐다. 이는 2017년과 비교할 때 20% 올라간 수치다. 독일은 유럽 내 가장 큰 태양광 저장장치 시장 중 하나다. 업계는 EU의 온실가스 감축, 재생에너지 확대를 위한 규제로 인해 전기요금 비용이 상승할 것이라 내다보고 있다. 저장장치를 사용해야할 유인은 더 커질 수밖에 없는 상황이다.[67]

독일 주요 기업 동향을 살펴보면 다음과 같다.

- Siemens, BMZ, Akasol 등 선도 기업들이 존재하며, 타 글로벌 기업과 협력하여 해외 시장 진출 도모
- Siemens: '17년 미국 AES社와 합작하여 글로벌 ESS 기술 서비스 기업인 Fluence사 출범, 글로벌 시장 공동 진출 협력
- BMZ: 첨단 리튬이온배터리 시스템 생산기업으로 연간 15GWh 규모의 생산량을 보유하고 있으며, 글로벌 ESS 배터리 수요가 급증하면서 독일 칼슈타인에 5GW 규모의 배터리 생산공장 설립 중(~'20년)
- Akasol: ESS 시스템 및 전기차 배터리 시스템 전문 기업으로 독일 내 주요 차량 OEM 업체에 납품
- Bosch: 스마트홈 사업부를 별도로 두어 적극 투자*하고 있으며, Bosch의 시스템은 Philips Hue, Amazon Alexa, Bosch Home Appliance와 서로 호환되어 효율적인 관리 가능. 특히 MEMS, 센서기술을 활용해 에너지 관리 부문 시장 확대, 보쉬의 사업 분야인 생활가전, 자율주행, 스마트센서, 에너지 사업 등 자체 기술을 스마트시티 사업에 적용할 계획.
- Siemens: 분산에너지 자원 관리 시스템(DERMS)으로 북미 유틸리티 사업 참여.
- Kiwigrid: 스마트에너지 관리를 위한 제어 플랫폼 개발 및 운영기업으로, Innogy, Aqton, LG 전자 등이 투자사로 참여.

---

67) 전기신문, 인터솔라 전시회 속 'ESS 트렌드', 2019.05.

2021년 유럽 ESS 시장은 총 7,200억원 규모로 매년 50% 이상씩 성장할 것으로 예상된다. 이 가운데 영국과 독일 ESS시장은 유럽 전체시장의 60% 이상을 차지한다. 독일과 더불어 유럽의 ESS 시장을 주도해가고 있는영국은 2050년까지 탄소배출량 0%를 목표로 하는 'Net zero Target' 정부 정책으로 신재생에너지 발전 및 그와 연계된 ESS의 공급이 더욱 더 늘어날 것으로 전망된다. 68)

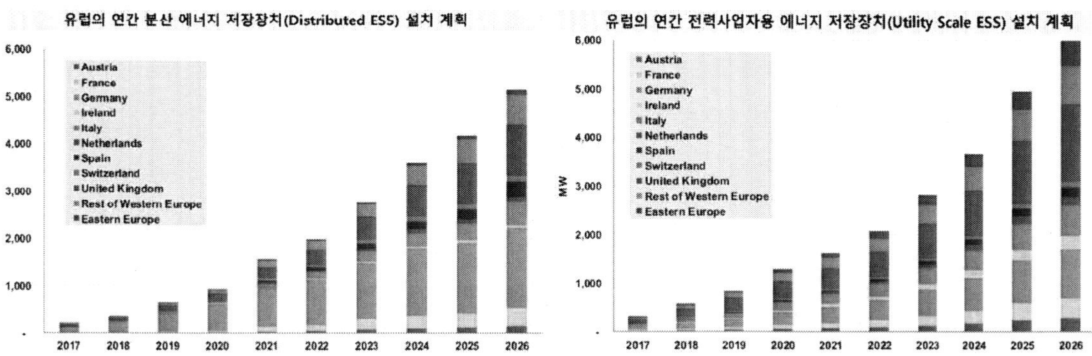

유럽 국가별 ESS 설치 계획

이미지 출처: KIAT Europe 기술동향브리프

4) 중국

최근 몇 년 사이 중국의 풍력, 태양열 등 신재생에너지 산업이 급성장하고 있다. 신재생에너지의 발전(发电)장치 설비 규모가 총 9억3000만㎾에 달하면서 전체 발전용 설비에서 차지하는 비중이 2012년 27.8%에서 2020년 42.4%로 상승했다. 또한 2020년에는 중국의 풍력, 태양열 저장장치 설비 추가 규모가 1억2000만㎾에 달하여 새롭게 추가된 설비의 약 63%를 차지했다. 나아가 수력, 원자력, 천연가스 및 생물질에너지 발전 설비를 추가적으로 고려한다면 청정에너지가 차지하는 비중은 전체의 70%를 초과한다.

그러나 재생에너지 발전(發電)의 불안정성, 간헐성 등의 문제로 점유율 확대와 더 큰 규모로의 성장이 제약받고 있다. 이를 극복하고 탄소배출정점을 실현하기 위해서는 신재생에너지의 대규모 발전이 필요하며, 이러한 배경 속에서 신재생에너지의 발전을 촉진하는 핵심산업으로 에너지저장장치(ESS) 분야가 주목받고 있다.

2020년 기준 중국이 운영 중인 에너지저장 프로젝트의 누적 장치 규모는 35.6GW였으며, 그 중 양수에너지 저장장치의 누적 규모가 가장 높은 점유율(89.3%)을 차지했다. 다음으로 전기화학 ESS의 누적 장치 규모가 3.27GW에 달하여 9.2%의 점유율을 기록했는데, 이는 2019년에 비해 3.9% 증가한 수치이다. 한편 전기화학 에너지 저장 장치 중에서 리튬이온배터리가 차지하는 비중이 가장 크고, 점유율은 89%에 달한다.69)

68) 투데이에너지, 효성重, 유럽 대용량 ESS시장 첫 진출, 2021.03.17.
69) KOTRA 해외시장뉴스, 중국 청정에너지의 주류, 에너지저장장치(ESS) 시장의 급성장, 2021.10.15.

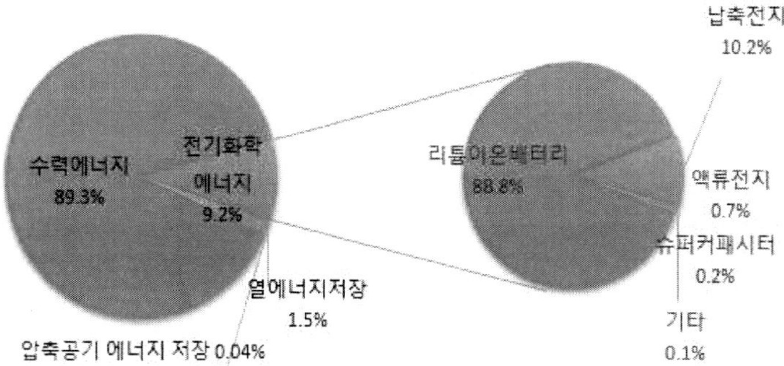

2020년 중국 에너지 저장 장치별 누적 점유율
이미지 출처: KOTRA (자료:비전산업연구원)

2020년 기준, 중국 전기화학 에너지 저장 시장의 누적 장치 출력 규모는 3.27MW를 달성해 동기 대비 91.2% 성장했고, 신규 증설한 전기화학 장치 출력 규모가 1.56GW에 달하여 최초로 1GW를 돌파했다. 2017년 중국이 신규 증설한 전기화학 저장장치의 글로벌 점유율은 9%로 전 세계 5위 수준이었으나, 2019년, 2020년에 들어 점유율이 각각 21%, 33%를 기록해 세계 1위로 올라섰다.

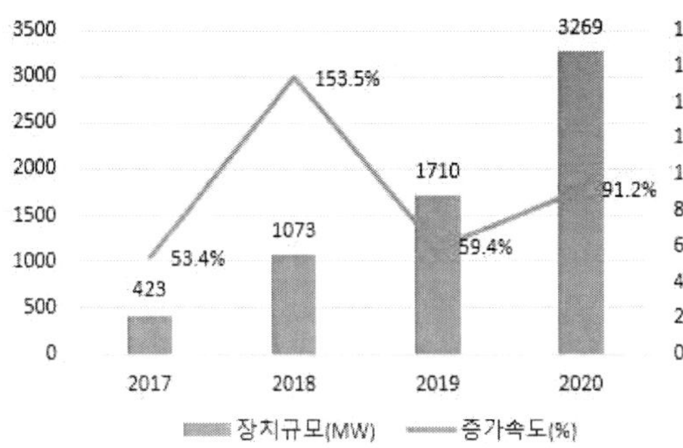

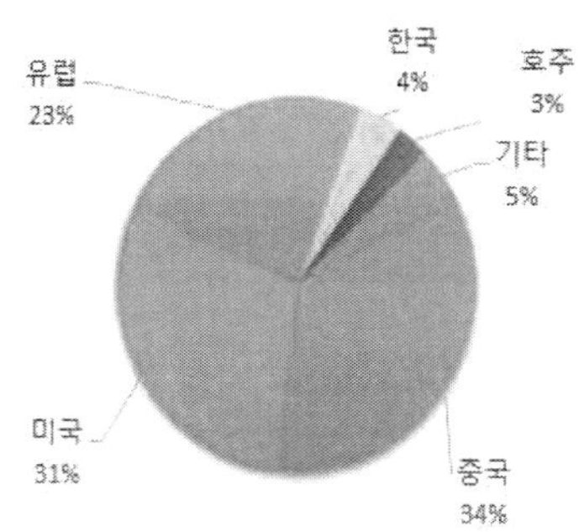

〈2017-2020년 중국 전기화학 ESS 규모〉 〈2020년 전기화학 ESS 증설 세계 분포〉
이미지 출처: KOTRA (자료:비전산업연구원)

2021년 상반기, 중국 ESS의 신규 증설 규모가 전년 동기 대비 600% 증가한 10GW를 기록하여 폭발적 성장을 보이고 있다. 동우(东吴)증권에 따르면, 2025년 중국 ESS 장치는 34.4GW에 달할 것으로 보이며, 2021~2025년 연평균 복합성장률이 84%를 기록할 것으로 전망했다. 동시에 2030년까지 중국의 ESS 신규 증설 규모가 175.6GW에 달하여 2021~2030년 연평균 복합성장률이 61%에 달할 것으로 전망했다.

최근 중국에서 ESS 산업 육성 정책이 잇달아 발표되고 있으며, 그 중 2021년 7~8월에는 3개의 문건이 연달아 발표됐다. 〈신형 ESS 발전 가속화 시도 의견〉에 따르면 2025년 중국 국내 에너지저장 장치 규모를 30GW 이상 끌어올릴 계획이며, 2030년에는 신형 ESS의 전면 시장화 실현 계획을 제시했다. 〈시간대별 전기요금 완화 조치에 관한 통

지〉에 따르면, 파동 최대치와 파동 최저치의 가격 차이를 확대하여 전기 요금을 4:1 비율로 설정하고, 사용자가 자체적으로 전기에너지 저장 발전 계획 참여를 유도하고 있다.

중국 지방정부도 잇달아 재생에너지+에너지저장의 통합사용에 대한 지원 강화 정책을 발표했다. 중국 국내 다수의 성이 신재생 에너지 프로젝트의 에너지 저장 용량을 10~20%로, 에너지 저장 시간을 2시간 혹은 그 이상으로 설계할 것을 요구했다. 아울러 '신에너지+에너지저장', '수력+에너지저장' 프로젝트 중 에너지 저장장치 시설에서 판매되는 전력량에 0.1위안/㎾h의 운영 보조금을 지급했다. 이를 통해 중국 지방정부는 에너지저장 정책을 시행하고, 에너지 저장 시스템 발전에 박차를 가하고 있다.[70]

3. ESS의 전망

1) 국내 흐름

ESS 시장은 국내외적으로 빠른 성장세를 보이고 있다. 글로벌 시장은 재생에너지 확대와 전력 안정화 수요 증가로 2030년까지 연평균 20% 이상의 성장률이 예상된다. 특히 유럽과 북미는 그리드 안정성 확보를 위한 대규모 ESS 도입이 활발하며, 중국과 일본도 정부 주도의 프로젝트를 늘리고 있다. 한국 시장도 한때 잇따른 사고로 일시 정체되었으나, 최근 수요가 회복되고 경쟁력 확보를 위해 정부와 기업이 투자 확대에 나서고 있다.

2) 주요 기업 동향

국내 배터리·에너지 기업들은 ESS 사업 확대에 적극적이다. LG에너지솔루션은 LFP 배터리를 기반으로 한 대용량 ESS 시스템을 개발하여 북미와 유럽 고객을 겨냥하고 있으며, 삼성SDI도 컨테이너형 ESS 솔루션인 '삼성 배터리박스(SBB)' 시리즈를 선보이고 있다. SK온과 한화큐셀 등도 BESS(배터리 에너지 저장 시스템) 라인업을 강화하고 있고, 포스코퓨처엠은 자체 양극재를 활용한 배터리 소재 사업을 ESS 확장 전략으로 삼고 있다. 해외에서는 중국의 CATL과 BYD가 LFP 배터리를 앞세워 가격 경쟁력을 확보하며 시장점유율을 높이고 있다. CATL은 자사 배터리를 활용한 ESS 패키지를 공급하고 있으며, Sungrow와 Huawei 등의 인버터 기업과 협력해 통합 솔루션을 제공한다. 일본의 파나소닉과 NGK 인슐레이터 등은 에너지 밀도와 장주기 운용이 가능한 기술 개발에 집중한다. 또한 글로벌 에너지 시장의 중견 기업인 테슬라(Tesla)는 '메가팩(Megapack)' 등으로 북미와 호주 시장을 장악하고 있으며, 최근 한국의 솔라트리나 두산중공업, LG CNS 등도 ESS 사업에 뛰어들어 경쟁 구도를 형성하고 있다. 이처럼 국내외 기업들은 ESS를 신성장 동력으로 삼아 상품 포트폴리오를 강화하면서, 특히 LFP 기반 ESS 제품

70) KOTRA 해외시장뉴스, 중국 청정에너지의 주류, 에너지저장장치(ESS) 시장의 급성장, 2021.10.15.

을 공통적으로 표준화하여 기술 주도권 확보에 나서고 있다.

3) 글로벌 시장 구조 변화

세계 ESS 시장은 지역별로 양상이 다르다. 아시아태평양은 기존부터 전력망 투자 및 제조 역량이 커서 여전히 점유율이 크지만, 미국과 유럽은 최근 수요가 급증하고 있다. 미국은 재생에너지 확대와 독립계통 연계로 ESS 도입이 늘고 있으며, 바이든 행정부의 인플레이션감축법(IRA) 시행으로 ESS 투자 환경이 개선되었다. 유럽은 그린딜(전력 시장개편) 정책에 따라 독일, 네덜란드 등지에서 ESS 지원 사업이 진행 중이다. 한편, 국제무역 환경 변화도 시장 구조에 영향을 미친다. 예를 들어 미국은 중국산 ESS에 대한 수입관세 확대를 검토 중이고, 중국은 자국 시장에서 ESS 보조금 정책을 종료한 대신 강력한 LFP 공급으로 글로벌 영향력을 키우고 있다. 한국은 과거 전세계 ESS 시장의 60% 이상을 차지했으나, 최근 안전 사고 여파와 중국 업체의 저가 공세로 점유율이 10% 초반대로 떨어졌다. 이를 뒤집기 위해 국내 기업들은 제품 안전성과 고기능화로 차별화를 시도하고 있으며, 정부도 무역·투자 협력 등을 통해 수출 확대를 지원하고 있다.

4) 해외 ESS 정책 및 규제 변화

해외에서도 ESS 육성을 위한 정책·규제 변화가 활발하다. 미국은 2022년 IRA로 ESS를 포함한 저장장치에도 연방투자세액공제(ITC)를 적용했다. 이로 인해 ESS 프로젝트에 대한 투자 매력도가 높아졌으며, 주 정부 차원에서도 저장용량 입찰 제도와 보조금 지원 프로그램을 운영하고 있다. 유럽연합은 그린딜과 REPowerEU 계획에서 ESS를 핵심 요소로 간주하여, 회원국별로 에너지 저장 목표와 지원책을 마련 중이다. 독일은 배터리 저장 장치 설치에 대한 발전차액지원제도(EEG 우선 인가 제도)를, 네덜란드는 가정용 ESS 지원금을 제공하는 등 국가별 방식으로 보급을 장려한다. 중국은 정부 보조금은 축소했으나 ESS 제품에 대한 규격 기준을 강화하고, 전력시장에 ESS를 참여시켜 요금 혜택을 부여하는 정책으로 내수 확대를 유도한다. 일본은 2030년 태양광 발전 비중 확대로 ESS 수요가 늘어날 것으로 전망하며, 풍력·태양광 사업자 지원과 ESS 보급 목표를 설정했다. 이처럼 각국은 탄소중립과 전력 안정화를 위해 ESS 투자를 장려하는 한편, 시장 안전과 표준화를 위한 규제를 동시에 발전시켜 나가고 있다.

5) 안전 기준 및 제도화 흐름

ESS 안전사고에 대한 대응으로 국내에서는 최근 몇 년간 관련 규제를 대폭 강화했다. 2019년 이후 잇따른 화재 사고를 계기로 산업부는 2023년 한국전기설비규정 개정을 시작으로, 2024년 전기안전관리법 시행규칙 개정에 이르기까지 ESS 설비 기준을 강화했다. 예를 들어, 600kWh 이상 대용량 ESS는 별도의 방화벽구조를 갖추고, 셀 이상 시

자동으로 전류를 차단하는 보호장치를 의무화하는 등 건축과 설비면에서 안전요건이 엄격해졌다. 신규 설비는 반드시 화재진압 시스템을 갖추고, 정기검사 결과 미흡사항이 있으면 보수조치를 권고받도록 했다. 이와 함께 한국소방산업기술원은 배터리 화재 실험과 성능시험기준(NFPC 607 등)을 도입하였으며, 정부는 노후 배터리 교체 인센티브까지 검토 중이다. 해외에서는 미국의 NFPA 855(ESS 설치·운영 기준)과 UL9540A(배터리 폭발 시험) 같은 안전 표준이 널리 채택되고 있으며, 유럽에서도 IEC 기술위원회에서 전기 저장장치 안전기준을 제정 중이다. 또한 ESS를 전력시장 참여자로 제도화하는 논의도 활발하다. 예를 들어 한국은 BESS 경매시장(2022년 개설)과 전력시장 계통운영규정을 통한 ESS 참여 방안을 도입했고, 미국은 ESS를 양방향 전력거래 자산으로 인정하며 전력계통 운영에 통합하고 있다. 이처럼 국내외 규제 변화는 ESS를 신재생에너지 확대의 필수 인프라로 보고, 안전성과 시장정착을 동시에 추진하는 방향으로 진행되고 있다.

V. 결 론

전기화와 신재생에너지 확대에 대응하여 에너지저장시스템(ESS)은 향후 에너지 시스템의 핵심 역할을 수행할 것으로 전망된다. 이미 기술 발전과 비용 절감으로 ESS 성능이 크게 개선되었으며, ESS 도입은 전력망 안정화, 수요 대응, 전력 공급 신뢰성 제고에 기여한다. 시장 측면에서는 전 세계적으로 ESS 수요가 급증하고 있으며, 전기차 보급 확대와 재생에너지 비중 증가 추세가 시장 성장을 견인하고 있다. 국내에서도 녹색 성장과 탄소중립 목표 달성을 위해 ESS 투자와 활용이 본격화되고 있다. 정책적으로는 안정적인 인센티브 제공, ESS 안전 기준 강화, 에너지 전환 정책 연계 등이 업계 활성화의 열쇠다.

ESS 산업의 성장 잠재력은 매우 크다. 글로벌 시장은 향후 수년간 두 자릿수 성장률을 지속할 것으로 예상되며, 배터리 기술 혁신과 새로운 스토리지 솔루션 개발도 활발하다. 특히 대규모 에너지 저장과 분산형 ESS, 수소 연계 솔루션 발전이 향후 산업의 경쟁력을 결정지을 것이다. 아울러, 스마트 그리드 및 에너지관리시스템(EMS)과의 통합을 통해 에너지 효율을 극대화하는 방향으로 나아가야 한다.

그러나 과제도 분명하다. 기술적으로는 에너지 밀도 향상과 비용 절감, 안전성 확보가 필수적이다. 특히 ESS 화재나 사고 위험을 줄이기 위해 안전 설계와 검증을 강화해야 한다. 시장 측면에서는 ESS 투자 회수 모델과 비즈니스 모델 다변화, 규제 정비가 필요하다. 수익성 확보를 위해 에너지 시장에서 다양한 서비스(예: 주파수 조정, 수요 대응) 참여 기회를 확대해야 한다. 제도적으로는 장기적인 정책 연속성과 표준화 작업이 요구되며, 발전기·유통업체·소비자가 협력하여 ESS 도입을 촉진할 수 있는 체계를 마련해야 한다.

전반적으로 ESS는 에너지 전환을 뒷받침하는 기반 기술로서, 향후 분산전원 확대와 탄소중립 달성에 크게 기여할 전망이다. 정부와 산업계는 지속적인 연구개발과 시범사업 추진을 통해 기술 리스크를 줄이고 시장의 신뢰를 확보해야 한다. 안전성과 경제성 확보를 위한 기술 융합 및 정책 지원 강화는 산업의 지속적 성장과 국제 경쟁력 확보를 위한 전략 과제로 남아 있다. 결론적으로, ESS 산업은 높은 성장 가능성을 보유하고 있으며, 기술혁신·시장 수요·정책 지원이 조화를 이룰 때 탄탄한 발전 경로를 그릴 수 있을 것이다.

도 서 명: 에너지저장시스템 (ESS) 산업 현황과 트렌드 분석
저　　자: 비피기술거래
초판발행: 2025년 12월 5일
발 행 처: 비피기술거래
발 행 인: 박기혁
등록번호: 제2016-000034호
주　　소: 서울특별시 영등포구 버드나루로 130 1층 104호(당산동, 강변래미안)
Tel.(02) 535-4960　Fax.(02)3473-1469

Email. kyoceram@naver.com

만화 김영란법 Q&A
저자 김상목 / 30,000 원

동호인 테니스를 이기는 절대적인 방법 발리 [VOLLEY]
저자 박기혁 / 25,000 원

학교에서 배우지 않는 것들
글 김상목 그림 김서현 / 30,000 원

융합은 즐거움이다
저자 비피기술거래 / 30,000 원

누구나 이모티콘을 제작할 수 있다
저자 비피기술거래 / 60,000 원

블록체인 산업 지도를 바꾼다
저자 비피기술거래 / 60,000 원

자율주행자동차 인공지능 보고서
저자 비피기술거래 / 60,000 원

4차산업과 마이스(MICE) 컨벤션 산업의 발전
저자 박기혁, 송승룡, 비피국제회의기획 / 30,000 원

자율주행 자동차 시대를 위한 법적인 과제와 준비
저자 권영실 변호사 / 60,000 원

문재인 정부의 과학기술정책
저자 비피기술거래 / 60,000 원

001 유아용품 시장조사 보고서 (20161027 절판)

002 페라이트시트 관련 시장동향 보고서
저자 비피기술거래 / 120,000

003-2 [개정판] 페로브스카이트 태양전지 국내외 현황조사
저자 비피기술거래 / 120,000

004-1 [개정판] LED 산업 분석
저자 비피기술거래 / 120,000

005-1 [개정판] Silver Epoxy & Ink Cu ink&paste 시장보고서
저자 비피기술거래 / 120,000

006 확대되는 열가변저항기(Thermistor)의 기술, 시장 전망과 최근 개발 동향
저자 비피기술거래 / 120,000

007-1 [개정판] 자동차용 배기온도센서 관련 시장동향 보고서
저자 비피기술거래 / 120,000

008-1 [개정판] 골충전재 시장 조사 보고서
저자 비피기술거래 / 120,000

009-2 [개정판] 전고체전지 기술조사 보고서
저자 비피기술거래 / 120,000

010-1 [개정판] 티타늄 소재시장 가능성과 수요조사 보고서
저자 비피기술거래 / 120,000

011-1 [개정판] Etchant 기술동향 및 분석보고서
저자 비피기술거래 / 120,000

012-1 [개정판] 다공성세라믹 적용 산업 현황 보고서
저자 비피기술거래 / 90,000

013 [개정판] 열전발전소자 및 Hermetic sealing 관련 기술동향 및 분석 보고서 (20180214 절판)
저자 비피기술거래 / 120,000

014-1 [개정판] Fine Pitch 배선 형성용 구리에찬트 조사보고서
저자 비피기술거래 / 120,000

015-1 [개정판] 알루미늄 도금기술 접목한 섬유분야의 상용방안 및 시장성 보고서
저자 비피기술거래 / 120,000

016-1 [개정판] 쿼츠 Quartz 유리산업 분석을 통한 정밀광학기기 및 광학용부품 시장조사 보고서
저자 비피기술거래 / 120,000

017 고기능성 나노코팅 소재 보고서 (20170517 절판)

-1

018-1 [개정판] 외발자전거 시장 조사 보고서
저자 비피기술거래 / 120,000

019-1 [개정판] 자전거 스마트폰 거치대 시장 조사 보고서
저자 비피기술거래 / 120,000

020-2 [개정판] 전력절감 시스템 시장조사 보고서
저자 비피기술거래 / 120,000

021-1 [개정판] 시멘트 산업 시장동향 보고서
저자 비피기술거래 / 120,000

022-2 [개정판] 1인 가구 증가에 따른 산업동향 변화보고서
저자 비피기술거래 / 120,000

023 전통문화의 시장 및 기술동향 – 한옥과 친환경주택
저자 비피기술거래 / 120,000

024 브렉시트(Brexit) 본질위기 유망산업 보고서
저자 비피기술거래 / 30,000

025 뉴로모픽기술과 시장보고서
저자 목하균 / 60,000

026-2 [개정판] 전기차 충전기 시장조사 보고서
저자 비피기술거래 / 120,000

027 신재생 에너지 기술 및 시장 분석
저자 김송호 / 60,000

028 테슬라의 한국 상륙–우리는 과거시대의 악몽을 반복할 것인가
저자 비피기술거래 / 60,000

029 김영란법 Q&A
저자 김상목 · 박기혁 / 60,000

030 회의를 디자인하라 (20180605 절판)
저자 김상목 / 30,000

031 도날드 트럼프 당선시의 한국경제, 기업에의 영향과 유망산업보고서
저자 비피기술거래 / 30,000

032 모바일 및 웨어러블 기기용 화학, 환경 센서 시장조사 보고서
저자 비피기술거래 / 120,000

033 전통문화의 시장 및 기술동향 – 전통식품
저자 비피기술거래 / 120,000

034 듀얼카메라 시장조사 보고서
저자 비피기술거래 / 120,000

035 기업들이 망하는 20가지 이유 – 신규 창업인이 회사를 망하게 하는 20가지 착각
저자 박기혁 / 30,000

036-2 [개정판] 모바일화에 따른 온라인 문화콘텐츠산업 동향
저자 비피기술거래 / 120,000

037-2 [개정판] 미세먼지에 관련된 국내시장분석 보고서
저자 비피기술거래 / 120,000

038-2 [개정판] 트렌드 변화에 따른 인테리어, 가구 시장 보고서
저자 비피기술거래 / 120,000

039 힐러리 클린턴의 집권이 우리나라에 미칠 영향
저자 비피기술거래 / 30,000

040-2 [개정판] MEMS 기술 산업 전략 보고서
저자 비피기술거래 / 60,000

041-2 [개정판] 반려동물 산업과 첨단 기술의 만남
저자 비피기술거래 / 60,000

042 할랄화장품
저자 비피기술거래 / 60,000

043 포켓몬go 성공요인과 파급 효과
저자 비피기술거래 / 30,000

044 융합은 즐거움이다 – 과학기술과 인문학의 collaboration
저자 비피기술거래 / 30,000

045 중국 의약품, 아동 의약품, 동물 의약품, 온라인 약국등의 시장과 제도 및 진출전략
저자 비피기술거래 / 60,000

046 조명시장과 OLED 시장보고서
저자 비피기술거래 / 60,000

047-1 [개정판] 고체산화물 연료전지(SOFC) 정책 및 시장과 개발 업체 동향, 기술현황과 사업아이템
저자 비피기술거래 / 120,000

048-1 [개정판] 방열소재시장과 기술동향
저자 비피기술거래 / 60,000

049 남성화장품 시장 조사 보고서
저자 비피기술거래 / 60,000

050 우리나라 지진역사와 주요국 대피시스템 비교 그리고 관련산업 동향
저자 목하균 / 60,000

051 집단 토론 면접 가이드 (20180605 절판)
저자 김상목 / 30,000

052 콘텐츠 큐레이션(Contents Curation)
저자 허두영 / 30,000

053 한국인이 두려워하는 대통령 트럼프가 제시한 5대중요정책(보호무역,한국험오등)과 그에 대한 대처법 보고서 저자 비피기술거래 / 30,000

054 기후 변화와 녹색 성장
저자 김송호 / 60,000

055 적외선센서 보고서
저자 비피기술거래 / 120,000

056 교수 및 고위 공무원이 해외연수 잘 다녀오는 방법
저자 비피기술거래 / 30,000

057 그린 비즈니스 – 스마트 그리드그린건물 · LED 조명
저자 김송호 / 30,000

~~058 (만화) 김영란법 Q&A~~
~~저자 김상목 / 30,000~~

059 동호인 테니스게임에서 이기는 절대적 방법 – 발리
저자 박기혁 / 30,000

060 도널드 트럼프 당선 – 세계는 어떻게 될까
저자 비피기술거래 / 30,000

061 시스템 반도체 산업동향보고서
저자 목하균 / 120,000

062 R&D지원사업 200% 활용하기 연구소기업과 기업 부설연구소의 설립
저자 비피기술거래 / 25,000

063 COFFEE, 한 잔의 커피는 한 번의 여행과 같다
저자 이강복 / 30,000

064 대한민국 정치인과 기업인 리더가 트럼프의 대선 승리에서 배워야 할 7가지 교훈
저자 비피기술거래 / 60,000

~~065 주식시장리포트 – 이 주식들이 곧 오를 수밖에 없는 다섯 가지 이유~~
~~저자 비피기술거래 / 50,000~~

066-1 [개정판] 미국인이 사랑하는 미셸 오바마
저자 비피기술거래 / 30,000

067 그린 비즈니스 – 전기차와 이차전지
저자 김송호 / 60,000

068-1 [개정판] 화합물 반도체산업 동향 보고서
저자 박진석 / 120,000

069 중국 가전제품 시장 보고서
저자 비피기술거래 / 120,000

~~070 학교에서 배우지 않는 것들 – 어른이 되기 위한 인생 필수 교과서~~
~~저자 김상목 · 김서현 / 120,000~~

071 B급 전략 평범한 회사나 개인도 절대로 망하지 않게 하는 특급전략
저자 박기혁 / 30,000

072-1 [개정판] 편의점 사업의 현재와 미래 편의점 사업 이대로 좋은가
저자 비피기술거래 / 120,000

073 뉴요커를 사로잡을 7가지 사업 아이템
저자 비피기술거래 / 60,000

074 유커 발길을 잡아라 – 유커 관광산업 보고서
저자 비피기술거래 / 60,000

075-1 [개정판] 생활화학제품 이대로 좋은가? – 화학제품 공포증의 올바른 이해
저자 비피기술거래 / 60,000

076-2 [개정판] 베지테리안 국내외 채식주의 산업 시장 보고서
저자 비피기술거래 / 120,000

077-2 [개정판] 탄소섬유 국내외 기술 및 시장동향과 업계 현황 보고서
저자 김상목 · 박기혁 / 120,000

078 일본 이화학연구소 – 리켄(RIKEN)심층연구
저자 비피기술거래 / 60,000

079 정전기 방전 기술과 시장동향 보고서
저자 비피기술거래 / 60,000

080 만화 – 박사장의 집단토론면접가이드
저자 김상목 · 비피기술거래 / 30,000

081-1 [개정판] 반도체 멤스프로브카드의 최신 기술 및 시장 동향보고서
저자 비피기술거래 / 60,000

082 융합기술이 답이다 – 일본과 우리나라의 기술융합정책
저자 비피기술거래 / 60,000

083 대학교수 고위공무원의 1년연수(안식년, sabbatical) 잘 다녀오는 법
저자 박기혁 · 이인성 / 30,000

084 유아용품 시장동향 보고서 – 중국 유아용품시장을 중심으로
저자 비피기술거래 / 120,000

085 누구나 이모티콘을 제작할 수 있다 – 이모티콘의 현재와 미래시장 현황과 제작 및 등록방법
저자 비피기술거래 / 60,000

086 절삭공구에 대한 유저들의 니즈 파악 및 세라믹 응용 가능 분야 연구보고서
저자 비피기술거래 / 30,000

087 만화 – 박사장의 사업툰
저자 박기혁 · 비피기술거래 / 30,000

088 로드리고 두테르테의 명과 암 그리고 도널드트럼프
저자 비피기술거래 / 60,000

089 쾌남 이재명, 그는 누구인가? (20191121 절판)
저자 김상목 / 30,000

090-2 [개정판] 블록체인 산업 지도를 바꾼다
저자 비피기술거래 / 60,000

091 스퍼터(Sputter) 및 스퍼터링(Sputtering) 관련 산업 및 기업 시장 조사 보고서
저자 비피기술거래 / 60,000

092 자율주행자동차 시대를 위한 법적인 과제와 준비
저자 권영실 / 60,000

093-2 [개정판] 자율주행자동차 인공지능 보고서
저자 비피기술거래 / 60,000

094 삼일만에책한권쓰기프로젝트
저자 박기혁 / 30,000

095 힐시 클린턴,무대에서다 – 反트럼프의 비상구
저자 비피기술거래 / 30,000

~~096 문재인 정부의 과학기술정책~~
~~저자 비피기술거래 / 60,000~~

097 일상 생활에서 사용하는 전기차 이야기 – 전기차의 매력
저자 인규찬 · 이봉길 / 60,000

098 만화 – 평범한 회사나 개인도 절대로 망하지 않게 하는 특급 B급 전략
저자 비피기술거래 / 30,000

099 만화로 읽는 학교에서 배우지 않는 것들 – 어른이 되기 위한 인생필수 교과서
저자 김상목 · 비피기술거래 / 30,000

100 문재인 정부의 부동산 정책 분석
저자 박기혁 · 변한수 · 비피기술거래 / 60,000

101 알고 싶은 철도산업 이야기
저자 비피기술거래 / 60,000

102 사이버 섹스 산업
저자 비피기술거래 / 30,000

103 동호인 테니스를 끝내 이기기 위한 살인병기: 결정발리, 서브, 스매싱
저자 박기혁 / 25,000

104 동호인 테니스, 심리학과 심리전으로 무장하면 백전백승
저자 박기혁 / 25,000

105 4차산업과 마이스(MICE) 컨벤션 산업의 발전
저자 박기혁 · 송승룡 · 비피국제회의기획 / 30,000

106 건강한 피를 만들기 위한 섭취법
저자 비피기술거래 / 30,000

107 만화로 읽는 3일만에 책한권쓰기 프로젝트
저자 박기혁, 그림 비피기술거래 / 30,000

108 미생 몸매 소유자가 들려주는 완생 다이어트
저자 박기혁 / 30,000

109 메모의 마법 – 책이 술술술 써지는 메모 습관
저자 박기혁 / 30,000

110 노벨 두드림: 이 책 읽고 노벨상 받자 〈노벨평화상〉
편집 비피기술거래 / 30,000

111 노벨 두드림: 이 책 읽고 노벨상 받자 〈노벨문학상〉
편집 비피기술거래 / 30,000

112 노벨 두드림: 이 책 읽고 노벨상 받자 〈노벨물리학상 1〉
편집 비피기술거래 / 30,000

113 노벨 두드림: 이 책 읽고 노벨상 받자 〈노벨물리학상 2〉
편집 비피기술거래 / 30,000

114 노벨 두드림: 이 책 읽고 노벨상 받자 〈노벨화학상 1〉
편집 비피기술거래 / 30,000

115 노벨 두드림: 이 책 읽고 노벨상 받자 〈노벨생리의학상 1〉
편집 비피기술거래 / 30,000

116 노벨 두드림: 이 책 읽고 노벨상 받자 〈노벨화학상 2〉
편집 비피기술거래 / 30,000

117 노벨 두드림: 이 책 읽고 노벨상 받자 〈노벨생리의학상 2〉
편집 비피기술거래 / 30,000

118 노벨 두드림: 이 책 읽고 노벨상 받자 〈노벨경제학상 2〉
편집 비피기술거래 / 30,000

119 후미진 곳의 매출부진 카페에 손님이 들게 하는 마법–카피스 카페 설립하기
저자 박기혁 · 송승룡 · 비피기술거래 / 30,000

120 현직 카페 주인 100명이 말하는 카페 커피숍 무조건 망하니까 절대 하지마라
저자 박기혁 · 송승룡 · 비피기술거래 / 30,000

121 현직 카페 사장 100인이 말하는 성공하는 서점겸 카페 차리기
저자 박기혁 · 송승룡 · 비피기술거래 / 30,000

122 현직 카페 사장 100인이 말하는 커피숍 바리스타
저자 박기혁 · 송승룡 · 비피기술거래 / 30,000

123-2 [개정판] 미래산업시리즈 – 3D 스캐닝 산업
저자 비피기술거래 / 60,000

124 124.성공하는 카페는 이렇게 일한다
저자 비피기술거래 / 30,000

125-2 [개정판] 드론 그것이 궁금하다
저자 비피기술거래 / 60,000

126 냉면으로 대박나는 요식업 창업전략 (20180430 절판)
저자 비피기술거래 / 60,000

127 위조 방지 기술
저자 비피기술거래 / 60,000

128-2 [개정판] 뉴로모픽 그것이 궁금하다
저자 비피기술거래 / 60,000

129-1 [개정판] 4차 산업혁명의 기회 – 누구나 뉴칼라가 될 수 있다
저자 비피기술거래 / 60,000

130 산전수전 다겪은 선배가 알려주는 캠퍼스 라이프 꿀팁
저자 비피기술거래 / 30,000

131 하루만에 끝내는 전자회로 개론
저자 비피기술거래 / 30,000

132 휴대폰 호갱 탈출기 (20180330 절판)
저자 비피기술거래 / 30,000

133 소비자를 사로잡는 특별한 10퍼센트: 스페셜티 카페의 모든것
저자 비피기술거래 / 30,000

134 원소의 탄생일지1: 주기율표song
저자 비피기술거래 / 60,000

135 4차 산업혁명 파생산업 시리즈: PID 센서
저자 비피기술거래 / 60,000

136 에코–프렌들리 비즈니스의 첫걸음: 난 돈 벌면서 커피 찌꺼기 버린다
저자 비피기술거래 / 30,000

137 4차 산업혁명 파생산업 시리즈: 에너지 절약형 유리
저자 비피기술거래 / 60,000

138 21세기 팥빙수 백서 (20180531 절판)
저자 비피기술거래 / 30,000

139 온 국민이 즐기는 응원제
저자 비피기술거래 / 30,000

140 전 세계에 파란을 예고한 물 부족_인쇄용
저자 비피기술거래 / 30,000

141-1 [개정판] 똑똑한 AI를 만드는 작은 차이, 머신러닝과 딥러닝
저자 비피기술거래 / 60,000

142 4차 산업혁명 파생산업 시리즈: 저온 동시 소성 세라믹스
저자 비피기술거래 / 60,000

143 원소의탄생일지2: 전이금속
저자 비피기술거래 / 30,000

144 원소의탄생일지3: 세계자원확보전쟁의 주인공 희토류
저자 비피기술거래 / 30,000

~~145 천원이면 누구나 할 수 있는 복권 재테크 – 로또복권~~
~~저자 비피기술거래 / 30,000~~

146 폭락장 속의 생존기술: 가상화폐의 기초 이해하기
저자 비피기술거래 / 30,000

147 한권으로 끝내는 텐서플로, AI 머신러닝 개발하기
저자 비피기술거래 / 30,000

148 4차 산업혁명 파생산업 시리즈: 주문형 반도체 산업
저자 비피기술거래 / 60,000

~~149 Why(Y)세대 트렌드; 털(毛)털(毛)한 남자_최종~~
~~저자 비피기술거래 / 30,000~~

150 1퍼센트를 위한 한국과 중국의 도자기 산업백서
저자 비피기술거래 / 30,000

151-1 [개정판] 4차 산업혁명 파생 기술 시리즈; 스마트 그리드와 사물인터넷, 빅데이터의 이해
저자 비피기술거래 / 60,000

152 나는 비트코인 말고 미생물에 투자하기로 결심했다; 떠오르는 에코 프랜들리 비즈니스
저자 비피기술거래 / 60,000

153 주(住)목하라, 삶의 공간에 관한 디자인과 인테리어
저자 비피기술거래 / 30,000

154-1 [개정판] 4차 산업혁명 파생 산업 시리즈: ICT 서비스 산업
저자 비피기술거래 / 60,000

155 알기 쉬운 암호 기술 변천사; 고전기술에서 비트 코인까지
저자 비피기술거래 / 60,000

~~156 청춘의 연애심리학: 올해는 반드시 연애 많이 하는 남자가 되자~~
~~저자 비피기술거래 / 30,000~~

157 한권으로 끝내는 전기공학 개론
저자 비피기술거래 / 60,000

158 4차 산업혁명 파생 기술 시리즈; 반도체 공정 중 다공성 회전 바이스 산업 분석
저자 비피기술거래 / 60,000

159 한권으로 끝내는 블록체인 원천 기술: 현대의 암호학
저자 비피기술거래 / 60,000

160 4차산업혁명 파생기술 시리즈: 수소에너지 제조 기술
저자 비피기술거래 / 60,000

161 당신도 할 수 있다 청춘 재테크; 자취방부터 주택 청약까지
저자 서울대OB주식연구회 / 30,000

~~162 캠핑 마스터, 오감으로 즐기는 365일 캠핑~~
~~편집 비피엔터컨텐츠연구소 / 30,000~~

163 4차산업혁명 파생기술 시리즈: 에너지 저장 기술 (ESS) (20190425 절판)
저자 비피기술거래 / 60,000

164 제4차 산업혁명의 꽃 전장사업: 왜 삼성은 전장사업에 목숨을 걸까
저자 비피기술거래 / 60,000

165 PD, 작가들이 즐겨보는 방송소재집; 요식업 창업 전략 '냉면' 편
편집 비피엔터컨텐츠연구소 / 30,000

166 청춘 산업 보고서; PD, 드라마 작가, 소설가들이 꼭 봐야할 참신한 이야기
편집 비피엔터컨텐츠연구소 / 30,000

167-1 [개정판] 4차 산업혁명 벨류체인 및 ICT 산업 전략 분석
저자 비피기술거래 / 60,000

168 잘 나가는 BJ 들의 비밀 코드; 1인 미디어 플랫폼 시장 산업 분석
편집 비피엔터컨텐츠연구소 / 30,000

169 동호인 테니스, 고수가 되는 법은 손목에 있다
저자 박기혁 / 25,000

170 인터넷쇼핑 싸게 잘하는 핵꿀팁
편집 비피엔터컨텐츠연구소 · 조아영 / 30,000

171 떠오르는 태양 E-SPORTS
편집 비피엔터컨텐츠연구소 / 30,000

172 인공지능 시대에 대비한 지방대생 성공전략
저자 김송호 / 30,000

173-1 [개정판] 주식투자자들이 꼭 알아야 할 인공지능 트렌드와 주요기업 현황
저자 비피기술거래 · 한상훈 / 60,000

174-1 [개정판] 인슈어테크 산업전망 및 발전전략 보고서
저자 비피기술거래 / 60,000

175-1 가상현실, 증강현실 산업 분석
저자 비피기술거래 / 60,000
보고서

176 연수 첫 날 나눠주는 다른 회사 메뉴얼 훔쳐보기
저자 박기혁 · 비피기술거래 / 30,000

177 세계 환경과 관련한 사건, 사고 분석 보고서
저자 비피기술거래 / 30,000

178 4차 산업혁명을 현명하게 헤쳐나갈 유아교사를 위한 안내서
저자 비피교육연구소 / 30,000

179-1 [개정판] 4차 산업혁명 시대의 바이오 산업 분석 보고서
저자 비피기술거래 / 60,000

180 잘 팔리는 책을 빨리 쓰는 방법; 커피타임즈 글쓰기 책내기 센터 전략서
저자 비피기술거래 / 30,000

181 미생 몸매 소유자가 들려주는 완생 다이어트 (한국어, 베트남어)
저자 비피기술거래 / 30,000

182-1 [개정판] 정부도 인정한 4차 산업의 핵심, GAME 산업의 1 to 100
저자 비피기술거래 / 60,000

183 경력단절 여성들이여 친정오빠 말대로 글쓰고 책내서 돈도 벌렴
저자 비피기술거래 / 25,000

184 4차 산업혁명 시대의 로봇 백서; 로봇 기술의 모든 것
저자 비피기술거래 / 30,000

185 디스플레이 전쟁
저자 비피기술거래 / 60,000

186 베트남에서 사업하고 싶은 사람을 위한 베트남 정보 개론
저자 비피기술거래 / 30,000

187 현직카페 사장 100인이 말하는 카페손님으로서의 공부족 연구
저자 비피기술거래 / 30,000

188 O2O 전쟁터 4차 산업혁명 시대의 숙박산업 보고서
저자 비피기술거래 / 60,000

189 리스닝 완벽하게 하기; 말하는 사람의 단어 하나하나를 충실히 듣기와 새기기
저자 비피기술거래 / 30,000

190-1 [개정판] 인공지능 기술과 콘텐츠 전쟁의 현주소; 최신 기술 및 유망산업 백서
저자 비피기술거래 / 60,000

191 정부도 인정한 4차 산업의 핵심, GAME 산업의 1 to 100 (한국어베트남어)
저자 비피기술거래 / 60,000

192 마음의 힐링, 인생 사업의 혁신을 위해 알래스카를 다녀와야 할 45가지 이유
저자 비피기술거래 / 30,000

193-1 [개정판] 백세시대를 준비하는 헬스케어 산업의 동향과 전망
저자 비피기술거래 / 60,000

194 마이크로웨이브 건조기술 백서
저자 비피기술거래 / 60,000

195 인도에서 사업하고 싶은 사람을 위한 인도 정보 개론
저자 비피기술거래 · 박기혁 공저 / 30,000

196 현장의 유아교사를 위한 유아 교육프로그램
저자 비피교육연구소 / 30,000

197 화장품 사업 개론
저자 비피기술거래 / 30,000

198-1 [개정판] 4차 산업혁명의 핵심; 에너지 신기술 보고서
저자 비피기술거래 · 한상훈 / 60,000

199 4차 산업과 마이스(MICE) 컨벤션 산업의 발전 (한국어, 베트남어)
저자 비피기술거래 / 30,000

200 혼자 영화 보기의 46가지 장점과 소확행 이야기
저자 비피기술거래 / 30,000

201-1 [개정판] 이너뷰티와 4차 산업혁명의 만남; 건강기능식품 산업 보고서
저자 비피기술거래 / 60,000

202 MIT 10대 유망 기술과 유관 산업 분석
저자 비피기술거래 / 30,000

203 동호인 테니스, 배드민턴처럼 치면 금방 고수가 된다
저자 박기혁 / 25,000

204 PD, 작가들이 즐겨보는 방송소재집;청춘이 열광하는 음악에 대한 이야기
저자 비피엔터컨텐츠연구소 / 30,000

205 카페 커피숍 무조건 망하니까 절대 하지마라 (베트남어)
저자 비피베트남어연구회 / 30,000

206 모으고, 절약하고, 불리는 재테크의 모든 것
저자 서울공대OB주식연구회 / 30,000

207 누구나 쉽게 무료로 저자가 될 수 있다
저자 비피생활문화연구소 / 30,000

208 작지만 강한 카페로 살아남는 법; 책 저자를 무료로 만들어 주는 카페
저자 비피생활문화연구소 / 30,000

209-1 [개정판] 4차 산업시대의 스마트 가전
저자 비피기술거래 / 60,000

210 베트남인 생활 관찰 정보를 통한 유망 사업 수요 분야 정리
저자 비피기술거래 / 30,000

211 좋은 수업을 꿈꾸는 유아교사를 위한 발문 안내서
저자 비피교육연구소 / 30,000

212 중미 무역 전쟁; 뉴패러다임의 도래와 우리의 과제
저자 비피기술거래 / 30,000

213-1 [개정판] 5G 시대의 도래와 정보 보안
저자 비피기술거래 / 60,000

214-1 [개정판] 4차 산업혁명 시대의 교육 산업의 변화
저자 비피교육연구소 / 30,000

215-1 [개정판] 4차 산업혁명과 힐링산업 코드
저자 비피기술거래 / 30,000

216-1 [개정판] 4차 산업혁명 시대의 무인산업 안내서
저자 비피기술거래 / 60,000

217 작은 카페 차려서 망하지 않으려면 카페와 출판사를 같이 차려라
저자 비피기술거래 / 30,000

218 잘 팔리는 책을 빨리 쓰는 방법; 커피타임즈 글쓰기 책내기 센터_베트남어
저자 비피베트남어연구회 / 30,000

219 4차 산업혁명과 공유 경제; 공유 플랫폼 전략
저자 비피기술거래 / 30,000

220 작은 카페 창업은 셀프 카페, 스터디 카페, 무인 카페로 손해를 줄여라
저자 비피생활문화연구소 / 30,000

221 독후감으로 읽는 대학생이라면 꼭 읽어야 할 필독도서
저자 비피교육연구소 / 30,000

222 비평문으로 읽는 대학생이라면 꼭 읽어야 할 필독도서
저자 비피교육연구소 / 30,000

223 산업 트렌드로 꿰뚫는 창업전략; 코인노래방
저자 비피생활문화연구소 / 30,000

224 한반도 폭염을 정책과 사업, 소확행 관점에서 심상치 않게 볼 57가지 이유
저자 비피기술거래 / 30,000

225 4차 산업혁명시대의 자율주행 자동차 산업백서
저자 비피기술거래 / 60,000

226 3일 만에 책 한 권 쓰기 프로젝트 (베트남어)
저자 비피베트남어연구회 / 30,000

227 미술활동을 좋아하는 유아교사를 위한 아동미술심리 입문하기
저자 비피교육연구소 / 30,000

228 새벽 지하철이 부와 건강을 가져다주는 26가지 이유; 소확행과 글쓰기
저자 비피생활문화연구소 / 30,000

229 창업 대비 필수 마케팅 전략 보고서
저자 비피기술거래 / 30,000

230 PD, 작가들이 즐겨보는 방송소재집; 글쓰기로 우울증 극복하는 방법
저자 비피기술거래 / 30,000

231 하루만에 끝내는 전자회로 개론
저자 비피생활문화연구소 / 30,000

232 누구나 쉽게 무료로 저자가 될 수 있다 (베트남어)
저자 비피베트남어연구회 / 30,000

233 PD, 작가들이 즐겨보는 스토리 소재집; 치과의사와 치과병원편
저자 비피생활문화연구소 / 30,000

234 잘 나가는 유튜브와 책 만들기; 13가지 이유라는 식으로 제목을 잡아라
저자 비피생활문화연구소 / 30,000

235 LG화학주식 매수 전 알아야 할 용어와 이슈 54가지
저자 서울공대OB주식연구회 / 30,000

236 작지만 강한 카페로 살아남는 법; 책 저자를 무료로 만들어 주는 카페(베트남어)
저자 비피베트남어연구회 / 30,000

237 박항서 감독이 몰고 온 베트남 바람
저자 비피기술거래 / 30,000

238 삼성전자 주식 매수 전 알아야 할 용어와 이슈 30가지
저자 서울공대OB주식연구회 / 30,000

239 회사의 자금을 원활히 조달하는 방법; 작은 회사 대표도 할 수 있는 미니 M&A
저자 비피기술거래 / 30,000

240 해외에서 글을 쓰면 빨리 좋은 글이 써지는 59가지 이유; 소확행적 해외 글쓰기 꿀팁
저자 비피생활문화연구소 / 30,000

241 미국 방열기판 시장 동향 조사 분석
저자 비피기술거래 / 60,000

242 장사가 부진한 카페는 상담 카페로 전환해서 적자를 면하라
저자 비피생활문화연구소 / 30,000

243 해외에서 유튜브 아이디어를 구상하면 좋은 63가지 이유; 유튜브 시장 성공전략 1
저자 비피생활문화연구소 / 30,000

244 잘 나가는 웹툰 만들기; 13가지 이유라는 식으로 제목을 잡아라
저자 비피생활문화연구소 / 30,000

245 예술의 17가지 속성을 이해해야 1인 미디어로 돈 번다; 유튜브 시장 성공전략 2
저자 비피생활문화연구소 / 30,000

246 셀트리온 3형제 주식 매수 전 알아야 할 이슈와 용어 34가지
저자 서울공대OB주식연구회 / 30,000

247 중국 방문 없이 중국을 빠르게 이해하는 법; 유튜브 시장 성공전략 3
저자 비피생활문화연구소 / 30,000

248 원격의료 그 논란의 속살을 파헤친다
저자 비피기술거래 / 60,000

249 4개 국어에 능통하면 유튜버와 소확행에 좋은 10가지 이유; 유튜브 시장 성공전략 4
저자 비피생활문화연구소 / 30,000

250 닌텐도 주식 투자 전 알아야 할 닌텐도의 모든 것
저자 서울공대OB주식연구회 / 30,000

251 외국어 들리는 대로 한글로 적어라; 4개 국어 하는 취준생 양성 프로젝트 1
저자 비피생활문화연구소 / 30,000

252 4개 국어 하는 고경력 은퇴자 양성 프로젝트 1; 외국어 들리는 대로 한글로 적어라
저자 비피생활문화연구소 / 30,000

253 전문가가 말하는 화장품업 진입 및 미래 생존전략; 사업자를 위한 화장품 정보 각론
저자 비피뷰티바이오사업부 / 30,000

254 미국이 중국 푸젠반도체를 제재함의 경제 정책적 의미; 주식 시장 영향 분석집 1
저자 서울공대OB주식연구회 / 30,000

255 SK텔레콤 주식 매수 전 알아야 할 용어와 이슈 41가지; 주식 시장 영향 분석집 2
저자 서울공대OB주식연구회 / 30,000

256 동진쎄미켐 주식 매수 전 알아야 할 용어와 이슈 55가지; 주식 시장 영향 분석집 3
저자 서울공대OB주식연구회 / 30,000

257 중국 푸젠반도체를 트럼프가 제재함의 산업 정책적 의미; 정책가와 테크노파크 연구원 필독서 1
저자 비피기술거래 / 30,000

258 외국어 들리는 대로 한글로 적어라; 4개 국어 하는 기업 간부 양성 프로젝트 1
저자 비피생활문화연구소 / 30,000

259 중국제조 2025; 미중 무역 전쟁의 배경과 전망
저자 비피기술거래 / 30,000

260 아디다스, 나이키 주식 매수 전 알아야 할 키워드 48가지; 주식 시장 영향 분석집 4
저자 서울공대OB주식연구회 / 30,000

261 공부의 신들이 말하는 변호사 시험 무조건 합격하는 법 1; 주관식 시험 눈으로만 보면 망한다
저자 비피생활문화연구소 / 30,000

262 신라젠 주식 매수 전 알아야 할 용어와 이슈 30가지; 주식 시장 영향 분석집 5
저자 서울공대OB주식연구회 / 30,000

263 키워드를 선점해야 돈 번다; 유튜브 시장 성공전략 5
저자 비피생활문화연구소 / 30,000

264 해외에서 글을 쓰면 빨리 좋은 글이 써지는 59가지 이유 (베트남어)
저자 비피베트남어연구회 / 30,000

265 삼성바이오로직스 주식 매수 전 알아야 할 용어와 이슈 54가지; 주식 시장 영향 분석집 6
저자 서울공대OB주식연구회 / 30,000

266 푸젠반도체를 둘러싼 미중 무역전쟁과 반도체 상식 늘리기; 취업 면접 대비집
저자 비피기술거래 / 30,000

267 탄수화물 섭취 체계적으로 줄이기; 건강하게 다이어트 하는 법 1
저자 비피생활문화연구소 / 30,000

268 주관식 시험 눈으로만 보면 망한다; 공부의 신들이 말하는 행정고시 무조건 합격하는 법 1
편집 비피엔터컨텐츠연구소 / 30,000

269 네이버 주식 매수 전 알아야 할 키워드 39가지; 주식 시장 영향 분석집 7
저자 서울공대OB주식연구회 / 30,000

270 책 읽어주는 유튜브; 유튜브 시장 성공전략 6
저자 비피생활문화연구소 / 30,000

271 게임 관련 기업 주식 매수 전 알아야 할 용어와 이슈 31가지; 주식 시장 영향 분석집 8
저자 서울공대OB주식연구회 / 30,000

272 한미약품 주식 매수 전 알아야 할 용어와 이슈 56가지; 주식 시장 영향 분석집 9
저자 서울공대OB주식연구회 / 30,000

273 미디어 플랫폼 기업 주식 매수 전 알아야 할 용어와 이슈 30가지; 주식 시장 영향 분석집 10
저자 서울공대OB주식연구회 / 30,000

274 투잡 유튜버가 돼야 오래 간다; 유튜브 시장 성공전략 7
저자 비피생활문화연구소 / 30,000

275 외국어 문법 상관없이 듣고 적어라; 4개 국어 하는 유튜버 양성 프로젝트 1
저자 비피생활문화연구소 / 30,000

276 4차 산업혁명 시대를 뒷받침하는 핵심 소재 이야기
저자 비피기술거래 / 60,000

277 외국어 2음절씩 리듬 타고 들어라; 4개 국어 하는 유튜버 양성 프로젝트 2
저자 비피생활문화연구소 / 30,000

278 대웅제약 주식 매수 전 알아야 할 용어와 이슈 58가지; 주식 시장 영향 분석집 11
저자 서울공대OB주식연구회 / 30,000

279 장기적 불황을 타개하고 산업을 선도할 수출 효자 종목 및 국내 유망 신산업 11가지
저자 비피기술거래 / 30,000

280 역량의 10프로만 유튜브에 투자하라; 출판사에서 유튜브 회사로의 전환 전략 1
저자 비피생활문화연구소 / 30,000

281 베스트 요약으로 제목과 타겟을 정하라; 출판사에서 유튜브 회사로의 전환 전략 2
저자 비피생활문화연구소 / 30,000

282 GC녹십자 주식 매수 전 알아야 할 용어와 이슈 62가지; 주식 시장 영향 분석집 12
저자 서울공대OB주식연구회 / 30,000

283 카카오뱅크 모임통장이 대박 난 이유; 주식 시장 영향 분석집 13
저자 서울공대OB주식연구회 / 30,000

284 한국전력 주식 매수 전 알아야 할 용어와 이슈; 주식 시장 영향 분석집 14
저자 서울공대OB주식연구회 / 30,000

285 화학회사들이 올인하는 TIM과 엘라스토머 등 전기차 방열문제 트렌드; 주식 시장 영향 분석집 15
저자 서울공대OB주식연구회 / 30,000

286 일동제약 주식 매수 전 알아야 할 용어와 이슈 49가지; 주식 시장 영향 분석집 16
저자 서울공대OB주식연구회 / 30,000

287 유한양행 주식 매수 전 알아야 할 용어와 이슈 48가지; 주식 시장 영향 분석집 17
저자 서울공대OB주식연구회 / 30,000

288 전자책 이북과 유튜브를 같이 하라; 출판사에서 유튜브 회사로의 전환 전략 3
저자 비피생활문화연구소 / 30,000

289 종근당 주식 매수 전 알아야 할 용어와 이슈 52가지; 주식 시장 영향 분석집 18
저자 서울공대OB주식연구회 / 30,000

290 한 권으로 살펴보는 에너지저장시스템 (ESS)
저자 비피기술거래 / 60,000

291 의미 부여로 단어를 외우고 눈으로 받아쓰라_ 4개 국어 하는 유튜버 양성 프로젝트 3
저자 비피생활문화연구소 / 30,000

292 현대자동차 주식 매수 전 알아야 할 용어와 이슈_ 주식 시장 영향 분석집 19
저자 서울공대OB주식연구회 / 30,000

293 에너지저장시스템(ESS)과 관련한 최신 이슈 26가지
저자 비피기술거래 / 60,000

294 사회복지직공무원 시험 마약 암기법
저자 비피공무원시험연구소 / 30,000

295 JW중외제약의 핫 키워드와 이슈 모르면 주식 대박 힘들다
저자 서울공대OB주식연구회 / 30,000

296 9급 일반행정직 시험 모르면 나만 떨어지는 마약 암기법
저자 비피공무원시험연구소 / 30,000

297 9급 일반행정직 마약 암기에 따른 문제풀이법
저자 비피공무원시험연구소 / 30,000

298 반도체주의 핫 키워드와 이슈 모르면 주식 대박 힘들다_ SK하이닉스 편
저자 서울공대OB주식연구회 / 30,000

299 자율주행 자동차주의 핫 키워드와 이슈 모르면 주식 대박 힘들다_ 현대모비스 편
저자 서울공대OB주식연구회 / 30,000

300 7급 일반행정직 공무원시험 모르면 나만 떨어지는 마약 암기법
저자 비피공무원시험연구소 / 30,000

301 JLPT N4,N5 단어 기독교 신앙심으로 초스피드 외우기
저자 비피일본어연구회 / 19,500

302 최단시간으로 중국어 HSK 2~4급 획득하는 법
저자 비피중국어연구회 / 19,500

303 1인 미디어플랫폼주의 핫 키워드와 이슈 모르면 주식 대박 힘들다
저자 서울공대OB주식연구회 / 19,500

304 5G 빅사이클 시작, 이동통신 3사의 핫 키워드와 이슈 모르면 주식 대박 힘들다
저자 서울공대OB주식연구회 / 19,500

305 5G 최대수혜주, 통신장비업종 3사의 핫 키워드와 이슈 모르면 주식 대박 힘들다
저자 서울공대OB주식연구회 / 19,500

306 기출로 보는 임상심리사 2급 필기_ 최단 시간 마약 암기 문제풀이법
저자 최단시간임상심리사연구회 / 19,500

307 전교 20등을 전교 5등으로 만드는 문제풀이법
저자 전교5등클리닉 / 19,500

308 5G 최대수혜주, 5G폰 부품업체 4사의 핫 키워드와 이슈 모르면 주식 대박 힘들다
저자 서울공대OB주식연구회 / 19,500

309 핀테크 관련 최대수혜주의 핫 키워드와 이슈 모르면 주식 대박 힘들다
저자 서울공대OB주식연구회 / 19,500

310 9급 법원직 공무원시험 모르면 나만 떨어지는 마약 암기법
저자 최단시간공무원시험연구소 / 19,500

311 주택관리사 민법총칙 직장 다니며 공부하는 노하우와 최단시간 문제풀이법
저자 최단시간주택관리사시험연구소 / 19,500

312 신라젠 회사 취업을 위해 꼭 알아야 할 용어와 이슈
저자 비피기술거래 / 19,500

313 7급 공무원 행정법 암기 노하우와 최단시간 문제풀이법
저자 최단시간공무원시험연구소 / 19,500

314 불황없는 엔젤산업 최대수혜주 핫 키워드와 이슈 모르면 주식 대박 힘들다
저자 비피기술거래 / 19,500

315 9급 공무원 행정학 암기 노하우와 최단시간 기출문제풀이법
저자 최단시간공무원시험연구소 / 19,500

316-1 [개정판] 삼성바이오로직스 취업을 위해 꼭 알아야 할 용어와 이슈
저자 비피기술거래 / 19,500

317 9급 공무원 행정학 모르면 나만 떨어지는 핵심 키워드 (인사편)
저자 최단시간공무원시험연구소 / 19,500

318 SK텔레콤 취업을 위해 꼭 알아야 할 용어와 이슈
저자 비피기술거래 / 19,500

319 토익 LC 고득점을 위해 헷갈리는 부분 정복하기_ 영국 호주식 발음
저자 최단시간토익시험연구소 / 19,500

320 공부의 신들이 말하는 변리사 시험 무조건 합격하는 법_ 주관식 시험 눈으로만 보면 망한다
저자 최단시간변리사시험연구소 / 19,500

321 4차 산업혁명의 핵심 스마트시티 최대 수혜주 핫 키워드와 이슈 모르면 주식 대박 힘들다
저자 서울공대OB주식연구회 / 19,500

322 대웅제약 취업을 위해 꼭 알아야 할 용어와 이슈
저자 비피기술거래 / 19,500

323 블록체인 플랫폼 최대수혜주 4대 기업과 핵심이슈 모르면 주식 대박 힘들다
저자 서울공대OB주식연구회 / 19,500

324 GC녹십자 취업을 위해 꼭 알아야 할 용어와 이슈
저자 비피기술거래 / 19,500

325 9급 법원직 공무원시험 민법총칙 직장 다니며 공부하는 노하우와 최단시간 문제풀이법
저자 최단시간공무원시험연구소 / 19,500

326 5G 시대 IOT 최대 수혜주 3대 기업과 핵심이슈 모르면 주식 대박 힘들다
저자 서울공대OB주식연구회 / 19,500

327 한국전력 취업을 위해 꼭 알아야 할 용어와 이슈
저자 비피기술거래 / 19,500

328 5급 공무원 2차 주관식시험 반드시 합격한다_ 서브노트 과연 필요한가
저자 최단시간공무원시험연구소 / 19,500

329 핀테크(FinTech)관련 산업 전망과 핵심기업 핫이슈
저자 비피기술거래 / 19,500

330 수능 일본어 한글 활용 단어장과 최단시간 암기법
저자 최단시간일본어연구회 / 19,500

331 유한양행 취업을 위해 꼭 알아야 할 용어와 이슈
저자 비피기술거래 / 19,500

332 미중 무역전쟁 최대수혜주 5대 기업과 핫이슈 모르면 주식 대박 힘들다
저자 서울공대OB주식연구회 / 19,500

333 종근당 취업을 위해 꼭 알아야 할 용어와 이슈
저자 비피기술거래 / 19,500

334 최단시간에 수능 이과 수학 풀려면 3단계법으로 하라
저자 최단시간수능시험연구회 / 19,500

335 현대자동차 취업을 위해 꼭 알아야 할 용어와 이슈
저자 비피기술거래 / 19,500

336 SK하이닉스 취업을 위해 꼭 알아야 할 용어와 이슈
저자 비피기술거래 / 19,500

337 교육서비스 관련 5대 기업과 핵심이슈 모르면 주식 대박 힘들다
저자 서울공대OB주식연구회 / 19,500

338 현대모비스 취업을 위해 꼭 알아야 할 용어와 이슈
저자 비피기술거래 / 19,500

339 4차 산업혁명 핵심분야 핫 키워드와 이슈 모르면 주식 대박 힘들다
저자 서울공대OB주식연구회 / 19,500

340 법원행시 주관식 시험 표출해야 합격한다_ 민법 점수 올리는 꿀팁
저자 최단시간법원행시연구회 / 19,500

341 4차 산업혁명 바이오, 에너지 분야 핫이슈 모르면 주식 대박 힘들다
저자 서울공대OB주식연구회 / 19,500

342 스마트팩토리 최대수혜주 2대 기업과 핫이슈 모르면 주식 대박 힘들다
저자 서울공대OB주식연구회 / 19,500

343 1인 미디어플랫폼 회사 취업을 위해 꼭 알아야 할 용어와 이슈
저자 비피기술거래 / 19,500

344 5G시대 이동통신 회사 취업을 위해 꼭 알아야 할 용어와 이슈
저자 비피기술거래 / 19,500

345 세무사 2차 시험 무조건 합격하는 법_ 눈으로만 보면 주관식 시험은 망한다
저자 최단시간세무사시험연구회 / 19,500

346 5G시대 미디어 콘텐츠 산업 핫 키워드와 이슈 모르면 주식 대박 힘들다
저자 서울공대OB주식연구회 / 19,500

347 보험계리사 2차 필수합격을 위한 공부법과 서브노트의 필요성
저자 최단시간보험계리사연구소 / 19,500

348 5G시대 통신장비업종 취업을 위해 꼭 알아야 할 용어와 이슈
저자 비피기술거래 / 19,500

349 최단시간에 주택관리사 회계원리 개념과 문제풀이 쉽게 정복하는 법
저자 최단시간주택관리사연구소 / 19,500

350 5G폰 부품업체 취업을 위해 꼭 알아야 할 용어와 이슈
저자 비피기술거래 / 19,500

351 日 반도체소재 수출규제에 따른 최대수혜주와 이슈 모르면 주식 대박 힘들다
저자 서울공대OB주식연구회 / 19,500

352 최단시간에 전산회계 1급 이론과 개념 정복하기
저자 최단시간전산회계연구회 / 19,500

353 5G시대 게임 산업 핫 키워드와 이슈 모르면 주식 대박 힘들다
저자 서울공대OB주식연구회 / 19,500

354 핀테크 관련 기업 취업을 위해 꼭 알아야 할 용어와 이슈
저자 비피기술거래 / 19,500

355 사회초년생을 위한 자산관리 필독서
저자 비피기술거래 / 19,500

356 엔젤산업 관련 기업 취업을 위해 꼭 알아야 할 용어와 이슈
저자 비피기술거래 / 19,500

357 스마트시티 관련 기업 취업을 위해 꼭 알아야 할 용어와 이슈
저자 비피기술거래 / 19,500

358 블록체인 플랫폼 기업 취업을 위해 꼭 알아야 할 용어와 이슈
저자 비피기술거래 / 19,500

359 IOT 관련 기업 취업을 위해 꼭 알아야 할 용어와 이슈
저자 비피기술거래 / 19,500

360 교육서비스 관련 기업 취업을 위해 꼭 알아야 할 용어와 이슈
저자 비피기술거래 / 19,500

361 4차 산업혁명 핵심분야 취업을 위해 꼭 알아야 할 용어와 이슈
저자 비피기술거래 / 19,500

362 4차 산업혁명 바이오, 에너지 분야 취업을 위해 꼭 알아야 할 용어와 이슈
저자 비피기술거래 / 19,500

363 스마트팩토리 관련 기업 취업을 위해 꼭 알아야 할 용어와 이슈
저자 비피기술거래 / 19,500

364 미디어, 콘텐츠 관련 기업 취업을 위해 꼭 알아야 할 용어와 이슈
저자 비피기술거래 / 19,500

365 경영지도사 2차 나만의 주관식 문제집을 만들어야 반드시 합격한다
저자 최단시간경영지도사연구회 / 19,500

366 제약 바이오 산업 최대수혜주 5개 기업과 이슈 모르면 주식 대박 힘들다
저자 서울공대OB주식연구회 / 19,500

367 아프리카 돼지열병 관련 7개 기업과 이슈 모르면 주식 대박 힘들다_
저자 서울공대OB주식연구회 / 19,500

368 日반도체소재 수출규제로 떠오르는 기업 취업을 위해 꼭 알아야 할 용어와 이슈
저자 비피기술거래 / 19,500

369 게임 산업 관련 기업 취업을 위해 꼭 알아야 할 용어와 이슈
저자 비피기술거래 / 19,500

370 공인중개사 남들보다 하루라도 먼저 붙는 방법
저자 최단시간공인중개사연구회 / 19,500

371 네이버 취업을 위해 꼭 알아야 할 용어와 이슈
저자 비피기술거래 / 19,500

372 폴더블 스마트폰 시대 최대수혜주 5개 기업과 이슈 모르면 주식 대박 힘들다
저자 서울공대OB주식연구회 / 19,500

373 사회조사분석사 2급 필답형 핵심키워드 간단하게 외워 합격하기
저자 최단시간사조사연구회 / 19,500

374 제약 바이오 산업 관련 기업 취업을 위해 꼭 알아야 할 용어와 이슈
저자 비피기술거래 / 19,500

375 고령사회 실버산업 핫키워드와 이슈 모르면 주식 대박 힘들다
저자 서울공대OB주식연구회 / 19,500

376 개업공인중개사의 네트워크 활동을 통한 경영성과 향상방안
저자 이강복 / 23,000

377 한미약품 취업을 위해 꼭 알아야 할 용어와 이슈
저자 비피기술거래 / 19,500

378 영어 긴 문장도 듣고 말할 수 있는 직효 방법_ 유학준비생을 위한 책
저자 최단시간영어연구회 / 19,500

379 일동제약 취업을 위해 꼭 알아야 할 용어와 이슈
저자 비피기술거래 / 19,500

380 오픈뱅킹과 금융플랫폼 최대수혜주 기업과 이슈 모르면 주식 대박 힘들다
저자 서울공대OB주식연구회 / 19,500

381 행정고시 스트레스나 우울증 없이 쉽게 합격하는 법
저자 최단시간행정고시연구회 / 19,500

382 JW중외제약 취업을 위해 꼭 알아야 할 용어와 이슈
저자 비피기술거래 / 19,500

383 아프리카 돼지열병 관련 기업 취업을 위해 꼭 알아야 할 용어와 이슈
저자 비피기술거래 / 19,500

384 일본어 직청직해로 어휘의 범위를 넓혀라_ 일본 유학준비생을 위한 조언
저자 최단시간일본어연구회 / 19,500

385 투자선호국 1위 베트남 진출 최대수혜주 기업과 이슈 모르면 주식 대박 힘들다
저자 서울공대OB주식연구회 / 19,500

386 폴더블 스마트폰 관련 기업 취업을 위해 꼭 알아야 할 용어와 이슈
저자 비피기술거래 / 19,500

387 이차전지 최대수혜주 5개 기업과 이슈 모르면 주식 대박 힘들다
저자 서울공대OB주식연구회 / 19,500

388 OLED 디스플레이 최대수혜주 7개 기업과 이슈 모르면 주식 대박 힘들다
저자 서울공대OB주식연구회 / 19,500

389 고령사회 실버산업 관련 기업 취업을 위해 꼭 알아야 할 용어와 이슈
저자 비피기술거래 / 19,500

390 자동화시대 정보보안산업 최대수혜주 6개 기업과 이슈 모르면 주식 대박 힘들다
저자 서울공대OB주식연구회 / 19,500

391 신참법조인(변호사, 법무사, 행정사)이 개업 전 전문서적 읽고 정보 습득하는 법
저자 법조연구회 / 19,500

392 급변하는 새로운 금융플랫폼 관련 기업 취업을 위해 알아야 할 용어와 이슈
저자 비피기술거래 / 19,500

393 인플루언서 마케팅 관련 핫 키워드와 이슈 모르면 주식 대박 힘들다
저자 서울공대OB주식연구회 / 19,500

394 비법예문 500가지로 수능 일본어 단어 2달 안에 다 외우기
저자 최단시간일본어연구회 / 19,500

395 2020년 대세 멀티카메라 최대수혜주 5개 기업과 이슈 모르면 주식 대박 힘들다
저자 서울공대OB주식연구회 / 19,500

396 행정사 시험의 시작부터 합격 후의 모든 것 Q_A 가이드
저자 법조연구회 / 19,500

397 신참법조인(변호사, 법무사, 행정사)을 위한 바이오 분야 이슈 및 용어 필독서
저자 법조연구회 / 19,500

398 법조인(변호사, 법무사, 행정사)이 강의 할 때 실수하는 32가지 사례 분석
저자 법조연구회 / 19,500

399 법조인(변호사, 법무사, 행정사)의 영업 전략
저자 법조연구회 / 19,500

400 미세먼지 재난 최대수혜주 6개 기업과 이슈 모르면 주식 대박 힘들다
저자 서울공대OB주식연구회 / 19,500

401 어때요 재수삼수로 의대 들어가기 (20년 3월판)
저자 의대입시연구회 / 19,500

402 베트남 진출 기업 취업을 위해 꼭 알아야 할 용어와 이슈
저자 비피기술거래 / 19,500

403 발포제 산업 최대수혜주 5개 기업과 이슈 모르면 주식 대박 힘들다
저자 서울공대OB주식연구회 / 19,500

404 화장품 산업 최대수혜주 4개 기업과 이슈 모르면 주식 대박 힘들다
저자 비피기술거래 / 19,500

405 법조인이 알아야 할 요기요 같은 배달배송업의 실태와 미래성
저자 법조연구회 / 19,500

406 한한령 해제 최대수혜주 5개 기업과 이슈 모르면 주식 대박 힘들다
저자 서울공대OB주식연구회 / 19,500

407 다문화 가족이 꼭 알고 있어야 손해 보지 않는 노동법
저자 법조연구회 / 19,500

408 재수삼수로 의대가기_ 수학도 결국 외운 것만 실력을 발휘한다
저자 의대입시연구회 / 19,500

409 차세대 디스플레이 관련 기업 취업을 위해 꼭 알아야 할 용어와 이슈
저자 비피기술거래 / 19,500

410 재수삼수로 의대가기_ 수학도 결국 외운 것만 실력을 발휘한다
저자 의대입시연구회 / 19,500

411 담배소매인 지정을 준비하는 사장님들이 꼭 알고 있어야 할 담배사업법
저자 법조연구회 / 19,500

412 신종 코로나바이러스 최대수혜주 6개 기업과 이슈 모르면 주식 대박 힘들다
저자 서울공대OB주식연구회 / 19,500

413 영업이 힘든 법조인을 위한 심리 위안서_ 그래도 법조인이 제일 낫다
저자 법조연구회 / 19,500

414 정보보안산업 관련 기업 취업을 위해 꼭 알아야 할 용어와 이슈
저자 비피기술거래 / 19,500

415 에너지 산업과 이차전지 관련 기업 취업을 위해 꼭 알아야 할 용어와 이슈
저자 비피기술거래 / 19,500

416 수제초콜릿 사업과 부업에 대한 가이드
저자 경제경영연구회 / 19,500

417 멀티카메라 관련 기업 취업을 위해 꼭 알아야 할 용어와 이슈
저자 비피기술거래 / 19,500

418 트렌디 마케팅 관련 기업 취업을 위해 꼭 알아야 할 용어와 이슈
저자 비피기술거래 / 19,500

419 어설퍼도 소설책이 될 만한 이북과 웹소설 빨리 쓰기 노하우
저자 컨텐츠연구회 / 19,500

420 셰일가스(Shale Gas) 최대수혜주 5개 기업과 이슈 모르면 주식 대박 힘들다
저자 서울공대OB주식연구회 / 19,500

421 1급 발암물질 미세먼지 관련 기업 취업을 위해 꼭 알아야 할 용어와 이슈
저자 비피기술거래 / 19,500

422 MLCC 최대수혜주 5개 기업과 이슈 모르면 주식 대박 힘들다
저자 서울공대OB주식연구회 / 19,500

423 기초산업소재 발포제 관련 기업 취업을 위해 꼭 알아야 할 용어와 이슈
저자 비피기술거래 / 19,500

424 코로나19 백신 개발 최대수혜주 5개 기업과 이슈 모르면 주식 대박 힘들다
저자 서울공대OB주식연구회 / 19,500

425 K뷰티 화장품 산업 관련 기업 취업을 위해 꼭 알아야 할 용어와 이슈
저자 비피기술거래 / 19,500

426 탁구장 사업의 전망과 개업을 위한 사업계획 가이드
저자 경제경영연구회 / 19,500

427 대중 수출 회복 관련 기업 취업을 위해 꼭 알아야 할 용어와 이슈
저자 비피기술거래 / 19,500

428 동호인 테니스 승리의 절대 정신 조건_ 집중력
저자 박기혁 / 19,500

429 코로나19 확산이 반도체 산업에 미치는 영향 및 고찰
저자 비피기술거래 / 19,500

430 코로나19 관련 기업 취업을 위해 꼭 알아야 할 용어와 이슈
저자 비피기술거래 / 19,500

431 개업 세무사의 경영판단 훈련_ 거절이나 승낙하기 애매한 제안에 대한 대처법
저자 세무업연구회 / 19,500

432 금융위기, 리츠(REITs) 최대수혜주 5개 기업과 이슈 모르면 주식 대박 힘들다
저자 서울공대OB주식연구회 / 19,500

433 사용후핵연료 처리기술 연구개발 동향
저자 비피기술거래 / 60,000

434 공실 상가주를 위한 해법_ 깔세, 임시세로 공실 해소하기
저자 경제경영연구회 / 19,500

435 코로나19 확산이 정유업계에 미치는 영향 및 고찰
저자 비피기술거래 / 19,500

436 BP와 함께 하는 에너지소비효율등급표시제도 가이드
저자 비피기술거래 / 25,000

437 코로나19 백신 관련 기업 취업을 위해 꼭 알아야 할 용어와 이슈
저자 비피기술거래 / 19,500

438 BP와 함께 하는 친환경농수산물 인증 취득 가이드
저자 비피기술거래 / 25,000

439 행정사와 경영지도사를 위한 BP와 함께 인증사업으로 수익 올리기
저자 비피기술거래 / 19,500

440 BP와 함께 하는 지능형건축물 인증 취득 가이드
저자 비피기술거래 / 25,000

441 BP와 함께 하는 품질경쟁력 우수기업 인증 취득 가이드
저자 비피기술거래 / 25,000

442 BP와 함께 하는 GR마크(우수재활용제품인증마크) 취득 가이드
저자 비피기술거래 / 25,000

443 BP와 함께 하는 위생안전기준 인증 취득 가이드
저자 비피기술거래 / 25,000

444 리츠(REITs) 관련 기업 취업을 위해 꼭 알아야 할 용어와 이슈
저자 비피기술거래 / 19,500

445 행정사, 경영, 기술지도사 실무를 위한 저공해자동차 인증 취득 가이드
저자 한국기술인증협회 / 25,000

446 행정사, 경영, 기술지도사 실무를 위한 방재신기술 인증 취득 가이드
저자 한국기술인증협회 / 25,000

447 행정 정책 공무원이 알아야 할 코로나 후 사회의 변화 모습과 대책
저자 비피기술거래 / 19,500

448 행정사, 경영, 기술지도사 실무를 위한 1등급 의료기기 인증 취득 가이드
저자 한국기술인증협회 / 25,000

449 행정사, 경영, 기술지도사 실무를 위한 전통식품품질 인증 취득 가이드
저자 한국기술인증협회 / 25,000

450 학원강사와 은퇴자들이여 인증관리사로 제2의 인생을 살아라
저자 한국기술인증협회 / 19,500

451 관세사의 영업 전략_ 인증대행 세미나와 네트워크
저자 한국기술인증협회 / 19,500

452 행정사, 경영, 기술지도사 실무를 위한 웹 접근성 품질인증 취득 가이드
저자 한국기술인증협회 / 25,000

453 행정사, 경영, 기술지도사 실무를 위한 소프트웨어(프로세스)품질인증 취득 가이드
저자 한국기술인증협회 / 25,000

454 동호인 테니스 허리, 무릎 다치지 않고 오래 치게 관리하는 법
저자 박기혁 / 19,500

455 경영, 기술지도사, 행정사 실무를 위한 유기가공식품 인증 취득 가이드
저자 한국기술인증협회 / 25,000

456 4050 여성 다이어트 비법_ 음식 안 남기고 다 먹으려는 생각을 버려라
저자 비피생활문화연구소 / 19,500

457 경영, 기술지도사, 행정사 실무를 위한 농산물우수관리(GAP)인증 취득 가이드
저자 한국기술인증협회 / 25,000

458 상가 공실 임대주를 위한 코로나 후 변화한 사회에 대한 대응책
저자 비피기술거래 / 19,500

459 아무 주식이나 사도 오르던 20년 5월의 증시와 경제 의미 분석
저자 증권투자법조인클럽 / 19,500

460 경영, 기술지도사, 행정사 실무를 위한 어린이제품안전인증 취득 가이드
저자 한국기술인증협회 / 25,000

461 경영, 기술지도사, 행정사 실무를 위한 HACCP 인증 취득 가이드
저자 한국기술인증협회 / 25,000

462 화장품 사업자를 위한 포스트 코로나 시대에서 살아남는 법
저자 비피기술거래 / 19,500

463 경영, 기술지도사, 행정사 실무를 위한 환경성적표지(EPD)인증 취득 가이드
저자 한국기술인증협회 / 25,000

464 포스트 코로나 시대에 유튜버와 컨텐츠 사업자가 나아갈 길은 어디인가
저자 비피기술거래 / 19,500

465 경영, 기술지도사, 행정사 실무를 위한 LOHAS 인증 취득 가이드
저자 한국기술인증협회 / 25,000

466 포스트 코로나 시대 반도체 관련 기업 취업을 위한 용어와 이슈
저자 비피기술거래 / 19,500

467 경영지도사, 행정사 실무를 위한 녹색기업 지정제도 가이드
저자 한국기술인증협회 / 25,000

468 코로나19 이후 정유업계 기업 취업을 위한 용어와 이슈
저자 비피기술거래 / 19,500

469 기술지도사, 행정사 실무를 위한 정보보호제품 평가인증 취득 가이드
저자 한국기술인증협회 / 25,000

470 이공학엔지니어를 위한 다이어트_ 자기보상을 확실히 해줘라
저자 비피생활문화연구소 / 19,500

471 회생위원이 감수한 알기 쉬운 개인회생 · 파산
저자 변호사 김민규 · 김미현 / 19,500

472 경영지도사, 행정사 실무를 위한 환경교육프로그램 지정제도 가이드
저자 한국기술인증협회 / 25,000

473 기술지도사, 행정사 실무를 위한 녹색인증 취득 가이드
저자 한국기술인증협회 / 25,000

474 경영지도사, 행정사 실무를 위한 KS인증 취득 가이드
저자 한국기술인증협회 / 25,000

475 기술지도사, 행정사 실무를 위한 녹색건축 인증 취득 가이드
저자 한국기술인증협회 / 25,000

476 경영지도사, 행정사 실무를 위한 건축물 에너지효율등급인증 취득 가이드
저자 한국기술인증협회 / 25,000

477 기술지도사, 행정사 실무를 위한 토종가축 인정제도 가이드
저자 한국기술인증협회 / 25,000

478 경영지도사, 행정사 실무를 위한 우수물류기업 인증 취득 가이드
저자 한국기술인증협회 / 25,000

479 예비탐정(민간조사자)이 개업을 준비할 때 알아야 할 필수팁 모음집
저자 탐정업연구회 / 19,500

480 기술지도사, 행정사 실무를 위한 동물복지축산농장인증 취득 가이드
저자 한국기술인증협회 / 25,000

481 소방설비기사(기계분야) 하루라도 먼저 붙게 하는 암기책
저자 소방수험연구회 / 19,500

482 경영지도사, 행정사 실무를 위한 드론인증 취득 가이드
저자 한국기술인증협회 / 25,000

483 주택관리사 시설개론 하루라도 빨리 붙게 하는 비법책
저자 주택관리사시험연구회 / 19,500

484 기술지도사, 행정사 실무를 위한 수산물품질인증 취득 가이드
저자 한국기술인증협회 / 25,000

485 경영지도사, 행정사 실무를 위한 수산물 지리적표시제도 가이드
저자 한국기술인증협회 / 25,000

486 행정공무원, 의원보좌관이 알아야 할 이슈_ 공매도 행동주의 회사들과 니콜라 주식
저자 행정정책연구회 / 19,500

487 정책 및 지방공무원이 알아야 할 수소차와 수소경제 이야기
저자 행정정책연구회 / 19,500

488 증권투자자가 알면 좋을 포스트 코로나 시대의 삶과 백신 개발의 선두주자
저자 증권투자연구회 / 19,500

489 정책 지방공무원이 알아야 할 바이든 당선과 트럼프 패배가 가지는 의미
저자 행정정책연구회 / 19,500

490 일론머스크의 명언과 삶 그리고 약간의 프랑스어
저자 비피기술거래 / 19,500

491 동호인 테니스 공격적 결정발리의 핵_ 어깨가 들어가는 발리
저자 박기혁 / 19,500

492 맞춤형 화장품 조제관리사 교과서 술술 읽히고 암기되게 하는 책
저자 자격증수험연구회 / 19,500

493 은퇴자가 강의 스트레스 없이 완벽한 강의하는 법
저자 비피기술거래 / 19,500

494 전달력이 좋은 유튜브 강의법과 2차 수익모델 기부 받는 유튜브 이야기
저자 박강사 / 19,500

495 가솔린차에서 전기차로의 대전환과 관련한 부품회사 직원 교육법
저자 기술튜터토니 / 19,500

496 특성화고 강사 교사가 모터를 재미있게 잘 강의하는 법
저자 기술튜터토니 / 19,500

497 반도체 지식이 부족한 반도체 관련 회사 일반직원을 교육시키는 법
저자 기술튜터토니 / 19,500

498 섬유공학 패션의류 교강사가 강의를 효율적으로 재미있게 하는 법
저자 기술튜터토니 / 19,500

499 회사원이나 공무원이 행정사 1차 객관식 시험 합격하는 방법
저자 행정사시험연구회 / 19,500

500 공부시간이 부족한 기술고시 수험생을 위한 필승합격법
저자 기술고시수험연구회 / 19,500

501 셀트리온 그룹 주식 매수 전 알아야 할 용어와 이슈
저자 비피기술거래 / 19,500

502 제약 바이오산업 최대수혜주 기업과 이슈 동향 분석
저자 서울공대OB주식연구회 / 19,500

503 글로벌 친환경 정책 및 산업별 동향 분석
저자 비피기술거래 / 19,500

504 삼성전자 핫 키워드와 이슈 모르면 주식 대박 힘들다
저자 서울공대OB주식연구회 / 19,500

505 수소연료전지 시스템 구성에 필요한 BOP
저자 비피기술거래 / 60,000

506 반도체 핵심 삼성전자 취업을 위해 꼭 알아야 할 용어와 이슈
저자 비피기술거래 / 19,500

507 바이오 핵심 셀트리온 그룹 취업을 위해 꼭 알아야 할 용어와 이슈
저자 비피기술거래 / 19,500

508 IT 게임업계 임직원을 위한 다이어트_ 심리학적 전략을 세워라
저자 비피생활문화연구소 / 19,500

509 감정평가사 합격 후 해야 할 일_ 전문서적 읽기와 영업론 파악
저자 감평사실무연구회 / 19,500

510 포스트 코로나 시대에 필요한 비대면 강의법
저자 비피기술거래 / 19,500

511 행정 정책 공무원이 알면 좋을 배달배송업의 현황과 미래
저자 비피기술거래 / 19,500

512 기술 행정 정책 공무원을 위한 반도체 관련 용어와 유래
저자 비피기술거래 / 19,500

513 가스기능사 필기시험 교과서 쉽고 빠르게 읽을 수 있는 법
저자 비피기술거래 / 19,500

514 의료인이 포스트 코로나 시대를 대비하여 알아야 할 사회 트렌드
저자 비피기술거래 / 19,500

515 동호인 탁구 관절 건강 지키며 즐겁게 오래 치는 법
저자 박기혁 / 19,500

516 취업난 속 인문대 졸업생에게 작사가를 추천하는 이유와 진입 가이드
저자 비피생활문화연구소 / 19,500

517 행정 정책 공무원이 알아둘 코로나로 인한 사회 변화와 코로나 백신
저자 비피기술거래 / 19,500

518 출판업 창업자를 위한 종이책과 이북 전자책에 대한 시장 분석과 가이드
저자 비피기술거래 / 19,500

519 자동차 관련 회사 임직원이 알면 좋을 미래에너지 수소와 수소차
저자 비피기술거래 / 19,500

520 상가 임대사업주의 공실 해결법_ 간판과 임시세 적극 활용하기
저자 비피기술거래 / 19,500

521 종교지도자가 숙지하면 좋을 코로나 후 우리 삶의 변화와 고찰
저자 비피기술거래 / 19,500

522 해외 주식 투자자는 이것을 알아야 한다_ 행동주의 공매도와 사례들
저자 서울공대OB주식연구회 / 19,500

523 의료인이 강의할 때 실수하는 사례 모음 및 강의 잘하는 법
저자 비피기술거래 / 19,500

524 신참법조인이 B급 전략을 안다면 개업에 성공할 수 있다
저자 법조연구회 / 19,500

525 담배소매업 개업 및 겸업 가이드와 Q_A
저자 비피기술거래 / 19,500

526 은퇴자가 증권투자를 해야 하는 이유 제시와 조언
저자 서울공대OB주식연구회 / 19,500

527 행정사 실무를 위한 전기용품 및 생활용품 안전관리법과 제도
저자 한국기술인증협회 / 25,000

528 공인중개사시험 의욕 부족한 사람 동기부여하여 합격하는 법
저자 자격증수험연구회 / 19,500

529 행정사 실무를 위한 환경측정기기 형식승인 정도검사 제도
저자 한국기술인증협회 / 25,000

530 골프 유망주가 무기력증과 우울감을 극복하여 성과 내게 도움주는 책
저자 비피교육연구소 / 19,500

531 국가과제 평가위원 활동 능숙하게 하는 법
저자 국가과제평가연구회 / 19,500